秒懂AI设计

人人都能成为设计高手

秋叶 定秋枫 赵倚南 吴玉佳

著

人民邮电出版社

北京

图书在版编目（CIP）数据

秒懂AI设计 ： 人人都能成为设计高手 / 秋叶等著
. -- 北京 : 人民邮电出版社, 2023.9
ISBN 978-7-115-62616-5

Ⅰ. ①秒… Ⅱ. ①秋… Ⅲ. ①人工智能—应用—设计
—研究 Ⅳ. ①TB21-39

中国国家版本馆CIP数据核字(2023)第170577号

内 容 提 要

随着技术的发展，AI 与人们的生活、工作结合得越来越紧密。在设计领域，AI 已成为设计师的好帮手。借助 AI，设计师可以更好、更快地创作出令人惊艳的作品。

本书共 9 章。第 1 章系统地介绍了什么是 AI 设计、有哪些 AI 设计工具，以及如何撰写提示词让 AI 生成符合需求的设计作品；第 2～9 章通过 8 个实用模块、40 个常见的设计场景，详细介绍了 AI 在头像和表情包设计、图片处理、社交媒体配图、视频制作、插画绘制、电商设计、海报设计、产品设计等方面的应用，帮助读者走近和了解 AI 设计，进而驾驭 AI 设计。

本书适合对 AI 及设计感兴趣的人群阅读。

◆ 著　　　秋　叶　定秋枫　赵倚南　吴玉佳
责任编辑　马雪伶
责任印制　马振武

◆ 人民邮电出版社出版发行　　北京市丰台区成寿寺路 11 号
邮编　100164　　电子邮件　315@ptpress.com.cn
网址　https://www.ptpress.com.cn
涿州市般润文化传播有限公司印刷

◆ 开本：880×1230　1/16
印张：6.5　　　　2023 年 9 月第 1 版
字数：140 千字　　　　2025 年 4 月河北第 7 次印刷

定价：69.80 元

读者服务热线：(010)81055410　印装质量热线：(010)81055316
反盗版热线：(010)81055315

第 1 章

用 AI 加速设计，解放生产力

1.1 一分钟，带你走进神奇的 AI 设计世界 / 2

1.2 AI 设计工具“全家福” / 6

1.3 你的第一个 AI 作品 / 7

1.4 破解与 AI 沟通的密码：提示词 / 9

1.4.1 场景描述 / 10

1.4.2 风格细节 / 12

1.4.3 参数设定 / 16

第 2 章

头像、表情包设计，轻松获赞还能变现

2.1 社交媒体头像：助你脱颖而出 / 20

2.1.1 可爱卡通头像 / 20

2.1.2 情侣头像 / 21

2.2 职业照头像：提升专业可信度 / 23

2.3 艺术照头像：零成本创意大片 / 26

2.3.1 写实艺术照头像 / 26

2.3.2 创意艺术照头像 / 28

2.4 萌娃头像：卡通亲切人人爱 / 29

2.5 表情包：火爆网络赚打赏 / 32

第 3 章

图片处理轻松搞定，省时省力不加班

3.1 去除多余文字：快速提升图片观感 / 38

3.2 删除图片内容：让会议照片无瑕疵 / 40

3.3 扩展图片内容：一秒解决尺寸难题 / 41

3.4 替换图片内容：输入文字就能改图 / 44

3.5 无损放大图片：轻松拥有高清画质 / 47

3.6 老照片修复：快速提升照片清晰度 / 49

3.7 自动上色：多种上色方案随心选 / 51

第 4 章

社交媒体配图，快速涨粉不侵权

4.1 微信公众号封面图：激发阅读兴趣 / 54

4.2 小红书笔记封面图：提升流量，吸引关注 / 56

4.3 抖音短视频封面图：爆款封面，引人驻足 / 59

4.4 公众号文章配图：从此不愁没素材 / 62

4.4.1 照片配图 / 62

4.4.2 卡通插画配图 / 63

4.5 数字 IP 角色：可控可塑成本低 / 65

4.5.1 人物 IP 角色 / 66

4.5.2 动物 IP 角色 / 67

第 5 章

炫酷视频制作，随心创作大片

5.1 虚拟人物口播：无须真人更省心 / 70

5.2 文字转视频：会打字就会做视频 / 74

5.3 抠图去背景：轻松替换背景 / 79

5.4 删除多余事物：告别杂乱环境 / 83

5.5　语音转成字幕：自动生成，解放双手 / 86
5.6　智能配音：人人都能拥有好声音 / 90

第 6 章

绝美插画自动生成，零基础也能打造“大神级”画作

6.1　插画配图：百变风格轻松掌握 / 94
6.1.1 二次元画风插画 / 94
6.1.2 扁平风插画 / 95
6.1.3 3D 立体风插画 / 96
6.1.4 简约风插画 / 99
6.1.5 清新古风插画 / 100
6.1.6 科幻机甲风插画 / 101
6.1.7 剪纸风插画 / 104
6.1.8 超现实主义风插画 / 105
6.1.9 niji 参数使用技巧点拨 / 106
6.2　插画图标：视觉表达更直观 / 108
6.2.1 扁平插画图标 / 108
6.2.2 线性插画图标 / 109

6.2.3 3D 插画图标 / 110
6.2.4 卡通插画图标 / 111
6.2.5 磨砂玻璃质感插画图标 / 112
6.3 logo：简单易懂易识别 / 113
6.3.1 图形 logo / 114
6.3.2 字母 logo / 114
6.3.3 几何 logo / 115
6.3.4 吉祥物 logo / 116
6.4 插画头像：轻松定制专属头像 / 117
6.5 照片转手绘：普通照片更具艺术感 / 120

第 7 章

电商设计快速搞定，效率翻倍不加班

7.1 生成电商场景图：无须 C4D 建模，只需几秒 / 126
7.1.1 雨林场景 / 127
7.1.2 舞台场景 / 128
7.1.3 梦幻场景 / 129
7.2 设计产品图片：轻松打造专业摄影图 / 130
7.2.1 炸鸡摄影 / 132

7.2.2 果汁摄影 / 133
7.3 服饰模特照片：批量生成高级模特图 / 134
7.3.1 将人台图转为“真人”模特图 / 135
7.3.2 为真人实拍图更换模特和场景 / 138

第 8 章

高颜值海报生成，省时省力、创意多样

8.1 节日海报：玩转创意，脱颖而出 / 144
8.1.1 元宵节海报 / 144
8.1.2 清明节海报 / 145
8.1.3 劳动节海报 / 146
8.1.4 儿童节海报 / 148
8.1.5 端午节海报 / 149
8.1.6 中秋节海报 / 150
8.1.7 圣诞节海报 / 151
8.2 节气海报：巧妙构思，意境十足 / 152
8.2.1 立春海报 / 152
8.2.2 夏至海报 / 153
8.2.3 立秋海报 / 154

8.2.4 冬至海报 / 155

8.3 活动海报：重点突出，吸引眼球 / 156

8.3.1 音乐节海报 / 156

8.3.2 露营活动海报 / 157

8.4 喜报：表扬先进，鼓舞斗志 / 158

8.5 品牌海报：放大宣传势能 / 159

8.5.1 床垫海报 / 160

8.5.2 餐饮品牌海报 / 161

8.6 公益海报：创意迅速落地 / 162

8.6.1 地球日海报 / 162

8.6.2 海洋日海报 / 163

第 9 章

产品外观设计，释放想象力

9.1 鞋服设计：大胆创新，引领潮流 / 166

9.1.1 中国风服装设计 / 166

9.1.2 基于线稿图的服装设计 / 170

9.1.3 潮鞋效果图设计 / 173

9.2 配饰设计：兼具观赏性和品质感 / 177

9.2.1 梦幻的银色羽毛耳钉 / 177

9.2.2 蝴蝶造型蓝宝石戒指 / 179

9.2.3 淑女风蝴蝶结发夹 / 180

9.3 箱包设计：不输大牌的时尚单品 / 180

9.3.1 手提包设计 / 181

9.3.2 旅行箱设计 / 183

9.4 产品包装设计：抓人眼球，提升销量 / 184

9.4.1 薯片包装 / 185

9.4.2 牛奶包装 / 186

9.4.3 茶叶包装 / 187

9.4.4 护肤品包装 / 188

9.5 盲盒手办：童趣卡通惹人爱 / 189

9.5.1 把喜爱的动漫角色做成盲盒手办 / 190

9.5.2 根据提示词描述生成盲盒手办 / 191

9.5.3 打造多种风格混搭的盲盒手办 / 193

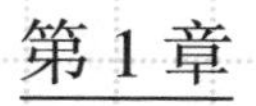

用AI加速设计，解放生产力

随着科技的快速发展，AI（人工智能）技术已经渗透到了众多领域，如制造、运输、金融、医疗等，设计行业当然也不例外。

AI可以怎样帮你搞定设计呢?

来看几个案例你就知道了。

1.1 一分钟，带你走进神奇的 AI 设计世界

当你需要高颜值的插画配图时，用 AI 设计工具，几秒就能搞定二次元画风、简约风、扁平风、古风等多种风格的插画！

当你需要艺术照或职业形象照时，轻轻敲几下键盘，输入文字，瞬间就能得到令人惊叹的作品！还能为生成的图片换上指定的人脸。

当你需要设计有吸引力的产品外观和包装时，给 AI 提供文字描述，就能得到逼真的产品图。

当你要制作公众号文章、小红书笔记、抖音短视频的封面时，给 AI 提供文案，就能立刻获得不同样式的封面图。

想给图片换一种风格时，向 AI 发送图片和文字描述，多种风格轻松转换。

当图片清晰度不够高、尺寸不符合需求时，只需轻点几下鼠标，瞬间搞定，而且 AI 还能自动扩充照片内容。

不只是图片，用 AI 设计工具，视频也能快速生成！例如，当你需要表现海滩风景的视频时，输入一段文字就能搞定。

借助 AI 设计工具，你可以轻松获得质量较高的照片、插画、产品设计、视频等作品，还可以从中汲取源源不断的灵感，拓宽创作思路，进而提升设计水平和竞争力，最终让你站在技术的前沿，领先他人！

无论你是对 AI 设计充满好奇的“小白”，还是刚刚踏入设计领域的初学者，或是已经在设计界打拼多年的资深设计师，都可以借助 AI 的神奇力量，创作出属于你的精彩作品。

1.2 AI 设计工具“全家福”

AI 设计工具有很多，下面列举一些常见且好用的 AI 绘图、修图和视频处理工具。

● AI 绘图工具

工具	简介
Midjourney	AI 插画和图像生成工具
Vega AI	国内首个支持在线训练 AI 创作的平台，具有文生图、图生图等功能
Stable Diffusion	开源的 AI 绘图工具，有很多高质量的模型和插件
文心一格	百度出品的 AI 绘图工具
无界 AI	国产 AI 创作和交流分享的平台
DALL · E 2	OpenAI 出品的文字生成图像工具

● AI 修图工具

工具	简介
ARC Lab	腾讯出品，集人像修复、抠图、漫画绘制等功能
美图云修	美图出品的 AI 修图工具，专注于图像识别、处理、生成等技术
Photoshop	Adobe 出品的图像处理软件，内置不少 AI 功能
一键抠图	图片处理网站，包含抠图、换背景、照片修复等功能
Palette	可以为黑白图片上色，还能通过输入文字描述，设计出你想要的颜色
Ribbet.ai	免费在线 AI 图片处理工具，包含抠图、删除对象、上色等功能

- **AI 视频处理工具**

工具	简介
Runway	能够进行视频处理，支持用文字生成视频
HeyGen	输入文字即可生成 AI 数字人口播视频，还能把真人“克隆”为数字主播
D-ID	和 HeyGen 类似，可以生成虚拟人物视频
讯飞智作	可以一键完成音频、视频作品，打造 AI 数字主播
腾讯智影	腾讯出品的在线智能视频创作平台，可以制作数字人、把文章转为视频
剪映	视频后期工具，内置了不少 AI 功能

你是不是也想动手试试了？接下来就用 AI 绘图工具 Midjourney，创作属于你的第一个 AI 作品吧！

1.3 你的第一个 AI 作品

在 AI 浪潮席卷世界的当下，你有没有畅想过未来城市的图景？

只需 3 步，你就能把脑海里的画面变成具象的图片。

第一步： 登录 Midjourney 网站，找到提示词输入框，输入“/imagine”（想象），方可输入“prompt”（提示词）。“/imagine”是一个基础命令，输入这个基础命令后，才能输入提示词。

第二步： 输入提示词，描绘你想象中的未来城市，例如：future city, futuristic architecture, concept car, concept art, surrealism --ar 9:16。

提示词含义：未来城市，未来主义建筑，概念车，概念艺术，超现实主义，图片宽高比为 9：16。

第三步：点击生成按钮，不到一分钟，你就能拥有属于你的 AI 作品了。

你能想到却做不出来的设计，AI 轻轻松松就帮你搞定了！

当然，想让 AI 乖乖听指令，创作出这样的好作品，有一个前提：我们要了解什么是提示词及如何写提示词。

1.4 破解与 AI 沟通的密码：提示词

不会英文可以写提示词吗？写提示词有哪些注意事项？如何又快又好地写出提示词？

本节就来破解“提示词”这一与 AI 沟通的密码，助你轻松掌握撰写提示词的小技巧。

为了便于理解，我们还是以 AI 绘图工具 Midjourney 为例。

提示词的结构如下：

下面通过两个例子来理解提示词的结构。

场景描述	风格细节	参数设定
classroom,1 serious professor,	crepuscular ray,Bauhaus,A bird's-eye view	--v 5 --stylize 1000

教室，一位严肃的教授，黄昏光线，包豪斯风格（一种现代主义设计风格），鸟瞰视角，版本5，风格化1000

场景描述	风格细节	参数设定
A winding railroad through the village,	Makoto Shinkai,flat illustration	--ar 16:9 --v 5 --q 2 --s 750

一条迂回的铁路穿过村庄，漫画家新海诚的风格，平面插图，图片比例16:9，质量2，风格化750

可以看到，提示词通常为单词或短语，大写小写都可以；“场景描述”和“风格细节”类提示词用逗号隔开，“参数设定”类提示词用空格隔开。

那么，场景描述、风格细节、参数设定具体该怎么写呢？“版本、质量、风格化”等参数分别代表什么含义？

我们一个个来看。

1.4.1 场景描述

场景描述，也就是把我们想要的画面内容以文字形式描述出来。

其实场景描述的技巧我们在学生时代就已经学会了，任何场景都可以按以下四要素进行描述：

例如：

清晨，客厅，机器人，看书。

下午，学校操场，老师和学生，运动比赛。

春天，公园，一群朋友，野餐。

这四要素并非缺一不可，我们可以根据需求灵活组合，每一个要素还可以包含多个提示词。看下面这几个例子。

时间 + 地点 + 主体：未来，沙漠，科技感的建筑，飞行汽车，太空电梯。

地点 + 主体 + 事件：火星，小猫，小狗，狐狸，探险。

主体 + 事件：3 只小兔子，打架。

主体 + 地点：稻草人，游客，一片薰衣草田。

主体：城市，城市风景，城市灯光，建筑，摩天大楼，蓝天。

你看，写提示词是不是还挺简单的？

但如果我们目前只有一个大致的主题方向，例如父亲节海报、风景壁纸，还没想好画面要呈现的具体场景，这个时候就难以用“时间 + 地点 + 主体 + 事件”四要素进行场景描述了。

怎么办呢？很简单，让 AI 帮我们描述。

借助大型语言模型，例如 ChatGPT、New Bing、文心一言等，两步就能搞定场景描述。

第一步： 向 ChatGPT 提问。比如：“我需要 ×× 主题的图片，请发挥你的想象力，用一句话 / 简洁的语言帮我描述这张图的内容。”

JW 我需要一张具有科技感的未来城市图片，请发挥你的想象力，用一句话帮我描述这张图的内容。

在一座科技感十足的未来城市中，智能汽车在高耸入云的建筑群中飞行，透明的管道里穿梭着超高速悬浮列车，而无人机和机器人在城市上空和街头巷尾奔忙，构成了繁忙而充满活力的城市景象。

可以看到，AI 立马就能描述出场景。如果我们对此回复不满意，还能命令 AI 继续描述更多不同的场景，我们从中选择最符合需求的场景即可。

第二步： 从 AI 描述的场景中提取一些我们喜欢的词句作为提示词，例如“一个有着未来科技的城市，智能建筑，汽车在空中飞行，列车穿梭在透明的管道中，无人机和机器人”。

这样，场景描述类的提示词就搞定了。

如果我们需要英文提示词，但不会翻译，可以直接交给 AI 翻译，或使用其他翻译工具 。

JW 请帮我把“一个有着未来科技的城市，智能建筑，汽车在空中飞行，列车穿梭在透明的管道中，无人机和机器人”翻译为英文。

A futuristic city with intelligent buildings, cars flying in the air, trains shuttling through transparent tubes, and drones and robots buzzing aroud.

总结一下写场景描述类提示词的两种方法。

1. 如果你已经想象出了具体的场景，可以根据“时间 + 地点 + 主体 + 事件”四要素来写提示词。

2. 如果你只有主题方向，还没想好具体的场景，可以借助 AI 大型语言模型辅助写提示词，还能顺便翻译。

1.4.2 风格细节

风格细节，也就是我们想让画面呈现哪个艺术流派、哪位画家或哪部电影的风格，使用什么色调，采用中心构图还是其他构图……

下面列举一些常用的风格细节类提示词，供读者参考。

- **艺术风格**

英文	中文	英文	中文
surrealism	超现实主义	minimalist	极简主义
fauvism	野兽主义	steampunk	蒸汽朋克风
cinematic	电影风	sci-fi style	科幻风
Pixar style	皮克斯风格（人物特征为大眼、圆脸、小身材）	traditional Chinese ink painting style	中国传统水墨画风

- **艺术家风格**

英文	中文
Makoto Shinkai	新海诚
Leonardo da Vinci	列奥纳多·达·芬奇
Vincent van Gogh	文森特·凡·高
Miyazaki Hayao	宫崎骏

- **构图**

英文	中文
symmetrical composition	对称构图
diagonal composition	对角线构图
centered composition	居中构图

- **视角**

英文	中文
a bird's-eye view	鸟瞰
bottom view	仰视图
top view	俯视图
side view	侧视图
microscopic view	微距
half body photo	半身照
close-up	特写

- **灯光**

英文	中文	英文	中文
soft light	柔光	studio light	影棚灯光
back light	背光	rim light	轮廓光
sun light	太阳光	neon light	霓虹灯光

- **色调和对比度**

英文	中文	英文	中文
blue tone	蓝色调	gold and silver tone	金色和银色调
high contrast	高对比度	low contrast	低对比度

- **渲染**

英文	中文	英文	中文
3D render	三维渲染	Cinema 4D（C4D）	三维建模渲染软件
octane render	辛烷值渲染	Blender	三维图形图像制作软件

> **说明**
>
> 辛烷值渲染是一种计算机图形学技术，用于生成动画和模拟复杂的物理运动，可以帮助我们获得逼真的 3D 渲染效果。

- **精细度**

英文	中文	英文	中文
high detail	高精细度	realistic detail	逼真的细节
ultra HD	超高清	ultra-realistic	超逼真

在撰写提示词时，我们不需要严格按上述分类，把每一类风格细节的提示词都写出来，只需确保提示词能让 AI 创作出我们想要的设计作品即可。

例如：

Disney style, natural light, bright colors, high detail

迪士尼风格，自然光照，明亮的色彩，高精细度

futuristic, medium close-up, studio light

未来主义，中特写，影棚灯光

另外，同一种风格细节也可以用不同的表述方式，对此没有严格规定。例如“3D”“3D render”“three-dimensional render”都能使 AI 生成具有三维立体感的画面内容。

1.4.3 参数设定

通过设置参数，可以快速设置图片比例、细节精细化程度等，学会调用参数能进一步提升我们的设计效率。

担心参数太多记不住？其实只需记住几个常用的参数就能生成优质的作品。

参数	说明
--ar 或 --aspect	图片宽高比，如“--ar 1:1”意为“图片宽高比为 1：1”
--q 或 --quality	质量，数值越大，生成的图片细节越精细，可设置为 0~2
--v 或 --version	版本，不同版本的模型擅长处理不同类型的图像。一般使用“--v 5”（版本 5），这是 2023 年 3 月发布的版本，可以更好地理解提示词，生成的图片分辨率也更高
--s 或 --stylize	风格化，数值越大，生成的图片越艺术化，和提示词的关联性越低。版本 5 中的风格化数值范围是 0~1000，若希望生成的图片更加艺术化，可设置为 700~1000

参数	说明
--c 或 --chaos	混乱值，数值越大，图片变化程度越大，如“--chaos 0”意为生成较写实的图片，“--chaos 100”意为生成风格夸张的图片
--no	不需要的内容，如“--no people”意为生成的图片中不要出现人
--niji	调用专注于生成二次元画风图片的模型，一般使用版本 5，即“--niji 5”

参数使用注意事项

1. 参数的排列顺序没有严格要求。
2. 参数使用简写或全称、大写或小写都是可以的。例如：--ar 16:9 --v 5 --quality 2 --stylize 750（图片宽高比为 16：9，版本 5，质量 2，风格化 750）。
3. 参数前要用空格隔开，英文和数字之间也需要空格。如下图所示。

1 girl --ar 9:16 --niji 5

空格　空格　空格

总结一下，常见的 AI 设计提示词结构：**场景描述 + 风格细节 + 参数设定**。

看到这里，恭喜你已经掌握了提示词这一与 AI 沟通的密码！

在后续章节中，我们将通过 8 个实用模块、40 个常见的设计场景，学习如何用 AI 生成头像、表情包、海报、插画、视频等设计作品。

本书配套资料包括中英文提示词速查对照表和AI工具大全导航等。关注公众号“秋叶AI设计”，发送关键词“秒懂AI设计”，即可下载。

第 2 章

头像、表情包设计，轻松获赞还能变现

还在全网搜寻个性头像？这样又费事儿又没新意，搞不好还会跟别人的一样！想要独一无二的头像，可以用 AI 来设计！

本章将带你使用 Midjourney 等 AI 工具，轻松生成个性头像和表情包！

2.1 社交媒体头像：助你脱颖而出

一个高质量的社交媒体头像，可以给他人留下良好的第一印象，帮助我们更好地与他人建立联系，甚至可以帮助我们脱颖而出，成为社交中的焦点。

如何写提示词，才能让 Midjourney 为我们生成想要的头像呢？来看看以下案例吧。

2.1.1 可爱卡通头像

可爱的卡通头像非常受欢迎。其主体通常是卡通形象或者动漫角色，设计风格非常可爱、有趣，能够为使用者和观看的人带来轻松愉快的感受。

提示词

a cartoon image of a cute girl, the girl holding a watermelon, summer, very happy --ar 3:4 --niji 5

一张可爱女孩的卡通图片，女孩拿着西瓜，夏天，非常开心，图片宽高比为 3：4，二次元画风

生成图

2.1.2 情侣头像

情侣们往往会在社交媒体上使用情侣头像，这种头像通常是从同一张图片中截取的，或者来自两张内容有所关联的图片，能够展示情侣之间的亲密关系。下面来看看情侣头像的制作步骤。

第一步：在 Midjourney 中输入提示词，生成情侣头像图。

提示词

protrait, a cute boy and a girl, outdoor play, lovely, eyes to eyes, Hayao Miyazaki --style cute --niji 5 --ar 2:1

肖像，一个可爱的男孩和一个女孩，户外游戏，可爱的，互相注视，宫崎骏的画风，可爱的风格，二次元画风，图片宽高比为 2：1

生成图

提示词说明

图片宽高比为 2：1，这样便于把图片裁剪为两张正方形的头像。

第二步：沿中线位置裁剪，得到两张宽高比为 1：1 的头像。只需两步，就能生成专属的情侣头像了。

2.2 职业照头像：提升专业可信度

好的职业照头像能显示出我们的专业性，传达出我们的职业态度，树立个人品牌形象，为职业生涯带来更多的机会。

如何利用 AI 工具，让我们就算不去摄影工作室，也能拥有职业照头像呢？来看看以下案例（本节案例中的人像照片均由 AI 生成）。

第一步：在 Midjourney 中输入提示词，生成半身职业照头像图。

提示词

a 20-year-old Chinese female, oval face, tilting head, suit, busts, studio light, front lighting, 24mm lens, Canon 1DX, realistic photograph --s 250

20 岁的中国女性，椭圆形脸，侧头，西装，半身，影棚灯光，正面照明，24mm 镜头（适合日常拍摄的焦段），佳能 1DX（一款非常适合拍人像的相机），写实照片，风格化 250

生成图

此时 AI 生成的头像图中并不是我们的脸，怎样把自己的五官替换上去？方法如下。

第二步：可以添加 InsightFace 机器人，进行换脸。

如何添加 InsightFace 机器人呢？为便于理解，我们制作了操作教程，关注微信公众号“秋叶 AI 设计”，在后台回复关键词“添加机器人”即可查看详细教程。

第三步：在提示词框内输入“/saveid”，这是一个帮助我们保存图像信息的命令，只有添加了 InsightFace 机器人才能使用这一命令。可以看到，“/saveid”右侧出现了两个输入框。

在“idname”输入框内输入对最后生成的职业照头像的自定义文件

名，由英文或数字组成，例如“AI”。

在“image”输入框内上传照片，最好选择面部清晰、无遮挡的照片。

第四步： 在 Midjourney 中找到第一步生成的职业照头像图，用鼠标右键单击该图，依次单击【APP】-【INSwapper】，等待换脸结果即可。

最终生成的职业照头像如下图所示。

注意

AI 生成的头像虽然能够轻松换脸，但图中的肢体细节可能与本人不符。如果对职业照头像的真实度有严格要求，建议还是选用实拍照片。

2.3 艺术照头像：零成本创意大片

艺术照头像是一种比较个性化的头像，它的特点是通过场景搭建、摄影技术和后期处理来实现独特的艺术效果，突出个人风格。

2.3.1 写实艺术照头像

如果想用 AI 生成一张写实艺术照头像，在写提示词时可以重点描述拍摄场景、服装搭配、妆容造型、拍摄参数，使生成的头像更逼真、写实。

第一步：在 Midjourney 中输入提示词，生成写实艺术照头像图。

提示词

a beautiful girl, big eyes, very clean and delicate face, soft and delicate facial lines, smiling, optimistic and confident, beautiful long braids, wearing some traditional Tibetan decorative flowers and beads, side face, side view, very delicate facial features, in the street

一个美丽的女孩，大眼睛，非常干净和精致的脸，柔和细腻的脸部线条，面带微笑，乐观自信，美丽的长辫子，戴着一些传统的丰富的藏族饰品花和珠子，侧脸，侧

视图，非常精致的面部特征，在街头

生成图

第二步：使用 InsightFace 机器人，将指定的人脸替换到第一步生成的头像图中，最终效果如下图所示。

2.3.2 创意艺术照头像

创意摄影作品如天马行空，有很强的想象力和视觉冲击力，非常适合用 AI 绘图工具生成。提示词中可以重点描述创意场景、创意元素、创意妆容造型等。

第一步：在 Midjourney 中输入提示词，生成艺术照头像图。

提示词

a very beautiful girl, 18-year-old, big fairy wings, a cool expression, body extensions, analog film, superdetail, dreamy lofi photography, colorful, shot on fujifilm XT-4

一个非常漂亮的女孩，18 岁，大的仙女翅膀，表情很酷，身体伸展，模拟胶片，细节丰富，有梦幻氛围的低保真摄影（低分辨率、有暗角及一些独特的光影效果），多彩，用富士 XT-4 相机拍摄（用这款相机可以拍摄具有胶片风格的照片）

生成图

第二步：使用 InsightFace 机器人轻松换脸，最终效果如下图所示。

除了通过生成头像图、智能换脸来制作专属头像，我们还可以直接把真实照片转为卡通头像，下一节将详细讲述。

2.4 萌娃头像：卡通亲切人人爱

现在很多人选择用萌娃照片作为头像，这类头像能够给人留下亲切、可爱的第一印象，让人好感倍增。有不少父母会将孩子的照片作为头像，不仅能晒娃，还能体现对孩子满满的爱。

萌娃头像通常是以可爱的儿童照片为基础生成的。本节将讲解如何用 AI 绘图工具，快速把普通的照片转为风格多样的萌娃头像。

第一步：打开蛋啵 App，依次点击【AI 绘画】—【马上定制】。

第二步：进入手机相册，选择 4 至 8 张宝宝的单人照片，点击【开始定制头像】。

第三步：选择性别，点击【开始定制】，点击【限时免费】，等待AI生成即可。

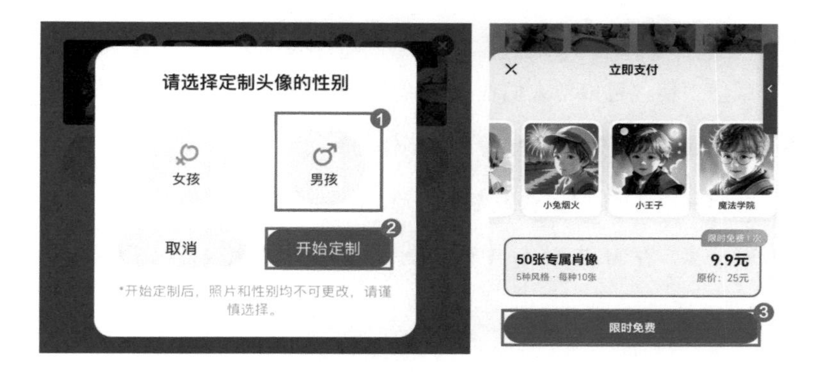

第四步：定制头像绘制完成后，点击【查看我的定制头像】，即可看到根据宝宝的照片生成的萌娃头像。

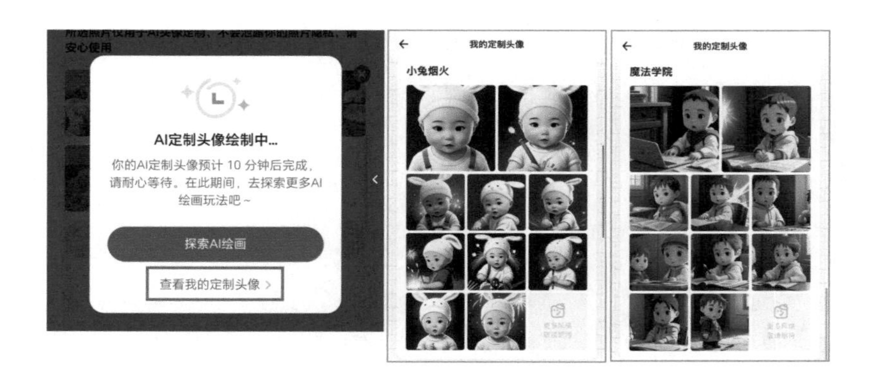

多种风格的萌娃头像就制作完成了。

除了头像，表情包在人们日常生活中的使用频率也很高。下一节以微信表情包为例，来看看具体操作。

2.5 表情包：火爆网络赚打赏

微信表情包可以帮人们在微信聊天中更好地表达情感、活跃气氛。不少微信表情包是由用户自行设计制作的。

如何利用 AI 工具，快速生成生动、幽默的微信表情包呢？

第一步：在 Midjourney 中输入提示词，生成一组表情包图像。

提示词

expression sheet, a little girl with blue hair, ponytall, various poses, happy, angry, cry, white background, emoji as an illustration set, manga line style, dynamic pose --style cute --s 750 --niji 5

表情表（即各类表情的合集），一个蓝色头发的小女孩，马尾辫，各种姿势，快乐，愤怒，哭，白色背景，表情符号作为插图集，漫画线条风格，动态姿势，可爱的风格，风格化 750，二次元画风

生成图

这时你可能会发现，Midjourney 生成的表情包都带有背景，想删去

背景以便更好地在微信聊天中使用，该怎么做呢?

第二步：将生成的表情包图像拖动至一键删除图像背景的网站“Pixian.AI”中，背景颜色设置为默认的【Transparent】（透明）选项。

这样就删去了表情包的背景。单击【Download HD】，即可下载高清图片。

第三步：借助 Figma 网站，将表情包尺寸调整为 240 像素 ×240 像素，便于后续将表情包上传至微信表情开放平台。操作步骤如下。

在 Figma 网站中单击【Design file】新建文件。

进入编辑界面后单击“网格”图标，创建画板。

在页面中部空白区域拖曳鼠标，创建一个尺寸为 240 像素 ×240 像素的矩形画板。也可以在右侧的“W”和“H”输入框中输入“240”。

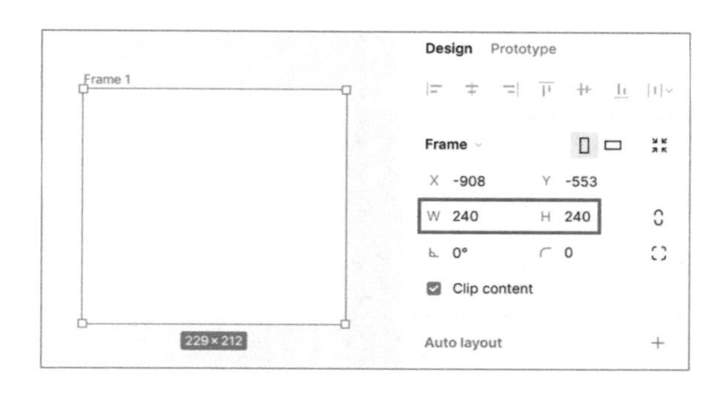

按住 Alt 键的同时拖曳鼠标，可快速复制选中的画板。例如我们需要 8 个表情包，就复制 8 个画板。

导入透明背景的表情包图像至操作区域，通过拖曳鼠标改变图像大小，直至单个表情完全填充至画板中。重复操作至所有表情填充完成。

拖曳鼠标选中全部画板，在页面右侧的属性栏中单击【Export 8

layers】导出文件。

第四步：进入微信表情开放平台，注册并登录后，单击【提交作品】。

上传图片，待审核通过后，即可拥有专属微信表情包。我们不仅能让更多人看到并使用该表情包，还有机会获取收益。

第 3 章

图片处理轻松搞定，省时省力不加班

如果你会用 AI 工具解决日常办公涉及的简单设计问题，不仅可以提升自己的办公效率，关键时刻还能帮领导、同事解决难题，轻松收获职场好人缘。

本章将结合具体场景，带你“秒懂”3 个适用于日常办公设计的 AI 工具：带有 AI 功能的 Photoshop 软件、“一键抠图”网站、Palette 网站。

3.1 去除多余文字：快速提升图片观感

有时图片质量非常好，很符合需求，只是图片上有一些有多余的文字，用去水印软件去不干净，手动修图又很耗费时间。怎么办呢？

使用 Photoshop 软件里的 “创成式填充”（Generative Fill）功能，这类问题就能轻松解决。

创成式填充是 Photoshop 2023 新增的一项 AI 功能，它可以利用生成式 AI 技术来**删减**、**增加**、**替换**图片内容。

我们可以借助创成式填充功能来去除图片中多余的文字，以下图为例。

第一步：在 Photoshop 软件的工具栏中，单击矩形选框工具，在选项栏中单击【添加到选区】按钮，框选白色文字。

第二步：单击【创成式填充】，不需要输入提示词，直接单击【生成】，让软件自动计算。

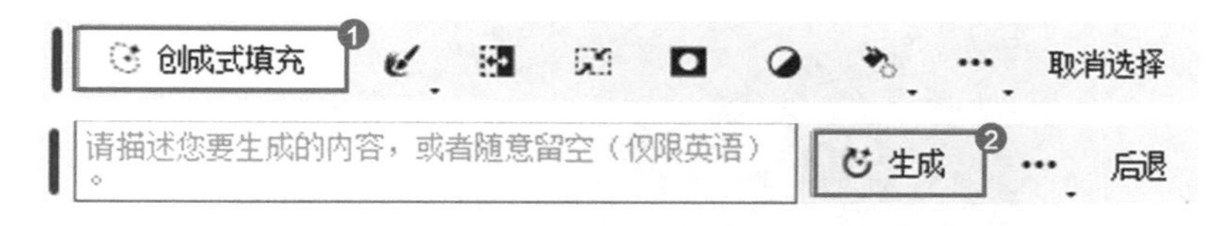

第三步：等待软件计算得出结果，图片中多余的文字即可完美去除。

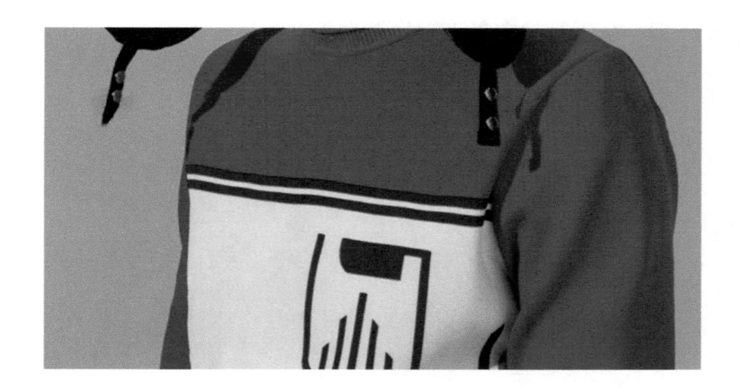

借助创成式填充功能，我们不仅可以去除文字内容，还能去除图像内容。

3.2 删除图片内容：让会议照片无瑕疵

以下图为例，如果需要把会议室中白墙上的照片删除，用创成式填充功能，两步便能搞定。

第一步：在工具栏中单击矩形选框工具，在选项栏中单击【添加到选区】按钮，框选照片。

第二步：依次单击【创成式填充】—【生成】，让软件自动计算。

一眨眼的工夫，墙上的照片即可完美去除。

除了删减多余的文字和图像，使用创成式填充功能还能增加图片内容。因此，当图片内容有缺失或是尺寸不够时，我们可以用这一功能扩展图片。

3.3 扩展图片内容：一秒解决尺寸难题

例如，我们拍摄了一张竖版的照片，想把照片扩展一下，变为横版的，怎么做呢？

第一步：在 Photoshop 软件的工具栏中单击裁剪工具，将画布拉宽。这样是为了预留空间，以便在空白的画布中生成图像内容。

第二步：在工具栏中单击矩形选框工具，在选项栏中单击【添加到选区】按钮，框选两边的白色区域。

第三步：单击【创成式填充】，不需要输入提示词，直接单击【生成】，让软件自动计算。

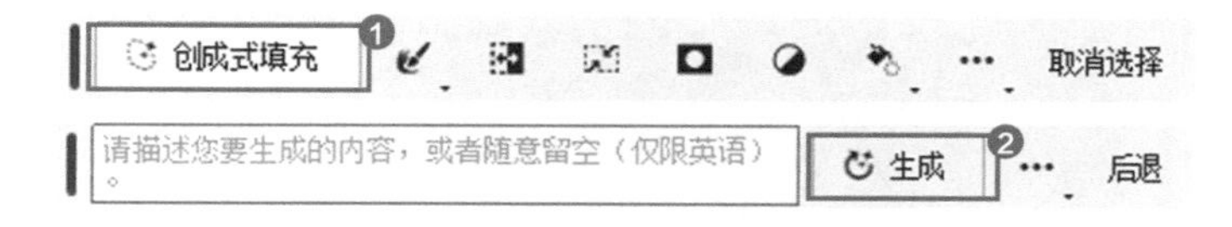

最终得到的照片如下图所示。

可以看到，原本竖版的照片左右两侧的区域已经被自动填充，原照片变成了一张横版的照片。

了解了如何使用创成式填充功能删减、增加图片内容后，我们再来看看怎样替换图片内容。

3.4 替换图片内容：输入文字就能改图

和前几节不同的是，这里需要在单击【创成式填充】后输入提示词，描述想要生成的内容。

例如下图，我们只想保留风景，不希望出现路人。

那么，只需框选路人，单击【创成式填充】，输入提示词，如“railing”（栏杆），即可去掉人物。

单击【创成式填充】，输入提示词“suit”（西服），即可让人物换上各式各样的西服。

借助这一功能还能给人物换装。

例如下图，首先框选人物的服装。

单击【创成式填充】，输入提示词“suit”（西服），即可让人物换上各式各样的西服。

总结一下，使用 Photoshop 软件的创成式填充功能可以**删除**、**扩展**、**替换**图片内容。

一些具体操作和应用场景如下。

1. 删除：框选内容，依次单击【创成式填充】—【生成】，可去除多余文字或图像内容。
2. 扩展：拉伸画布，框选空白区域，依次单击【创成式填充】—【生成】，可扩展图片内容。
3. 替换：框选内容，单击【创成式填充】，输入提示词，可替换图片内容。

使用创成式填充功能需注意以下要点。

√ 该功能要联网才可使用。

√ 目前仅支持输入英文提示词。

√ 提示词无须遵循某种框架结构，把想生成的内容描述清楚即可。

除了 Photoshop 软件，还有一些 AI 工具也能高效地解决图片处理难题，我们继续往后看。

3.5 无损放大图片：轻松拥有高清画质

工作中我们经常会遇到画面模糊的图片。要提升图片的清晰度，可以试试简单易操作的 AI 图片修复工具“一键抠图”。

一键抠图

例如下面这张图片，分辨率较低、噪点比较多，非常模糊。如何让其变成高清画质的图片呢？

第一步： 打开“一键抠图”网站，依次单击【照片修复】—【模糊人脸修复】—【添加图片】，将模糊的图片上传。

第二步：只需几秒，就能生成高清图片。

原图

有时我们还会遇到一些不仅画面模糊，而且只有黑白两色的老照片，这时也可以借助“一键抠图”快速优化图片。

3.6 老照片修复：快速提升照片清晰度

以下图为例。

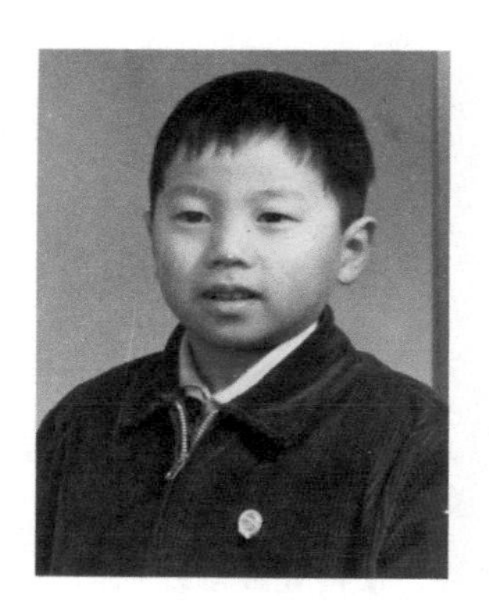

第一步：打开“一键抠图”网站，依次单击页面上方菜单栏里的【照片修复】—【老照片修复】。

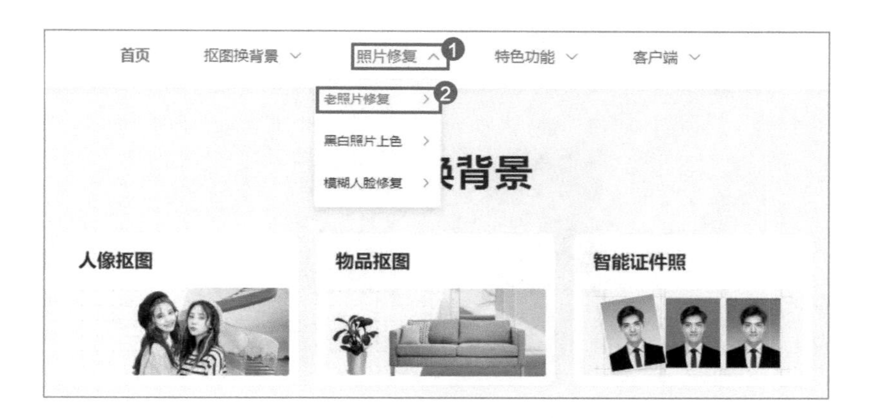

第二步：单击【添加图片】，上传需要修复的老照片。

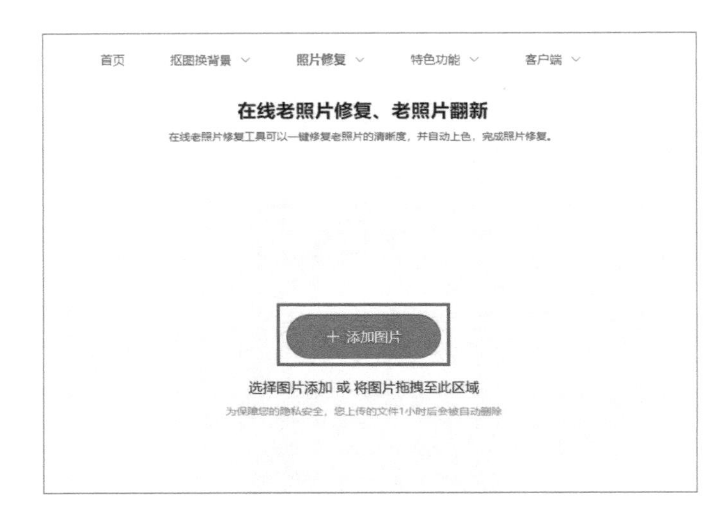

第三步：只需几秒钟，便可完成修复。

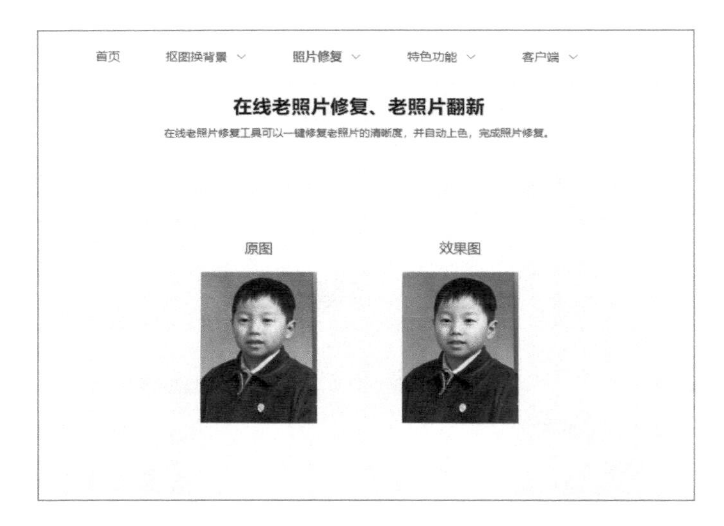

来对比一下修复前后的效果。

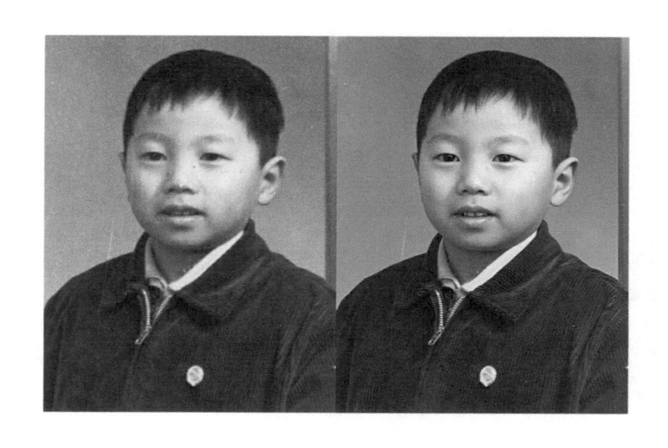

3.7 自动上色：多种上色方案随心选

“一键抠图”网站在给照片上色时，只会提供一种默认的配色方案，不能自行调整颜色、色调等。

下面提供一个专门给照片上色的网站——Palette。这个网站会提供多种老照片上色方案，还可以增加滤镜效果。

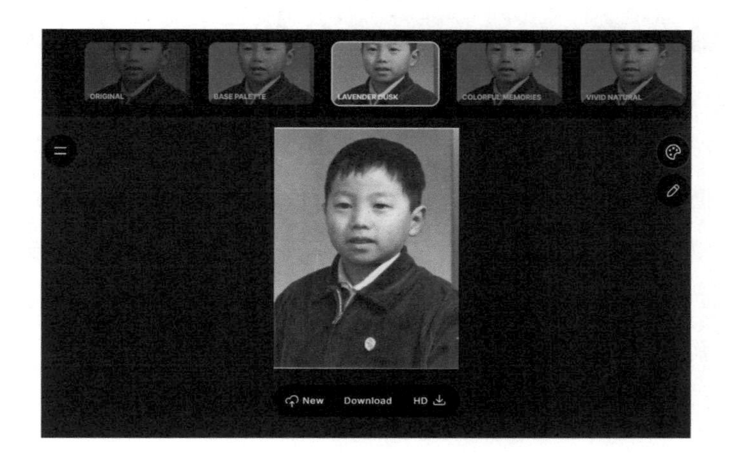

如果没有喜欢的配色方案，可以手动输入提示词，让照片呈现出我们想要的色调和氛围。此处的提示词无须遵循某种框架结构，把需求描述清楚即可。

提示词参考

a Chinese boy in the 1980s, with soft light, color photos

一个中国男孩，20 世纪 80 年代，柔和的光线，彩色照片

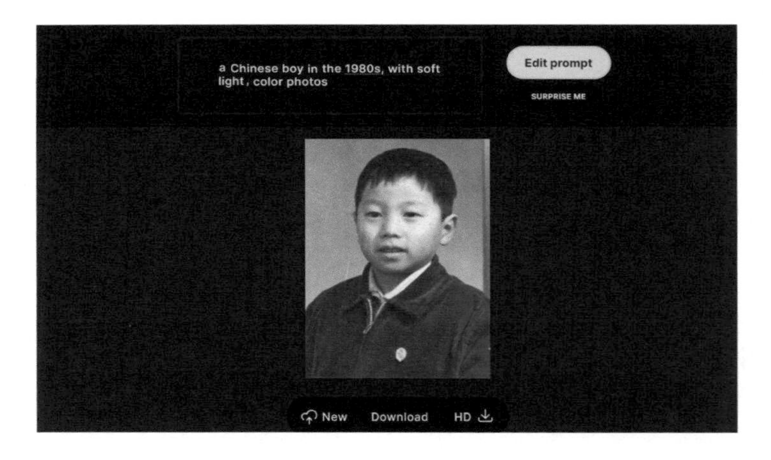

总结一下，要将一般的画面模糊的图片变清晰，可以用“一键抠图”网站快速生成高清图；要修复老照片，“一键抠图”网站既能提升照片清晰度，又能给黑白照片上色，缺点是只有一种上色方式，而 Palette 网站虽然不能修复照片，但在上色方面非常专业。我们可以根据需求选择或组合使用这些工具。

第 4 章

社交媒体配图，快速涨粉不侵权

一张有吸引力的配图，可以让人们停下脚步浏览你的内容；风格统一的配图，能强化品牌形象，使账号显得更专业。

本章会借助“稿定 AI”、Midjourney 两大工具生成社交媒体配图。

4.1 微信公众号封面图：激发阅读兴趣

你一般怎么设计微信公众号的封面图呢？是不是直接在网上找一张和文章内容相关的照片作为封面？

这样做可能会面临两个问题：第一，许多公众号都会用照片作封面，你的封面图不具备独特性和优势；第二，寻找与文章内容相关的、吸引人的照片，往往需要耗费不少时间和精力。

如果用 AI 工具生成封面图，那么这些问题都能得到解决。

AI 工具可以根据用户的要求，在几秒钟内生成多张封面图，用户只需从中选择最优的一张即可。

以“稿定 AI”为例，具体操作步骤如下。

第一步：打开“稿定设计”网站，单击页面左侧菜单栏中的【稿定 AI】，在右侧“AI 设计”中找到并单击【公众号首图】。

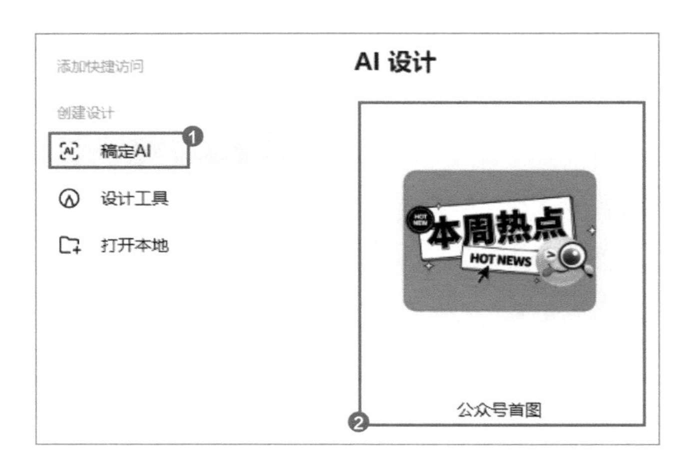

第二步： 输入主标题和副标题，单击【开始生成】。

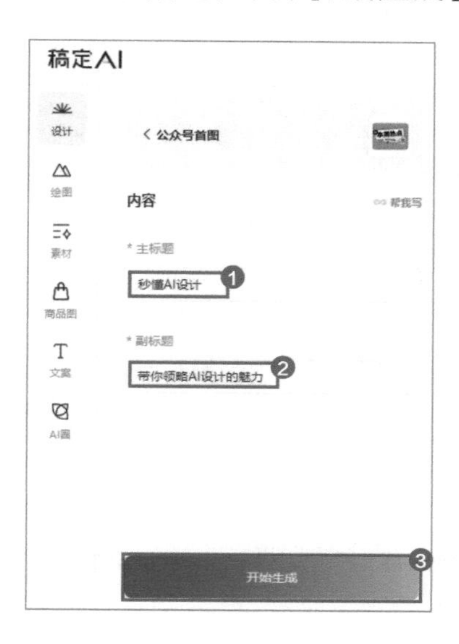

第三步： 此时AI已经自动生成了一些封面图，如果没有符合需求的封面图，可以单击【重新生成】，让AI提供更多选项。

接下来再看看如何用“稿定 AI”这一工具，为小红书笔记、抖音短视频设计封面图。

4.2 小红书笔记封面图：提升流量，吸引关注

小红书是一个人人都可以分享生活方式的平台，内容涵盖时尚、美妆、个人护理、美食、旅行等多个领域，呈现形式以图文为主，因此更加注重封面图的视觉设计，好的封面图不仅可以吸引人们点进来看内容，还有助于涨粉。

如何用 AI 工具快速搞定有助于涨粉的小红书笔记封面图呢？具体操作步骤如下。

第一步： 打开“稿定设计”网站，然后单击【稿定 AI】，可以看到“小红书封面 – 人物”和“小红书封面 – 实景”两个选项，这里选择前者。

第二步：输入文案内容，上传人物图，单击【开始生成】。

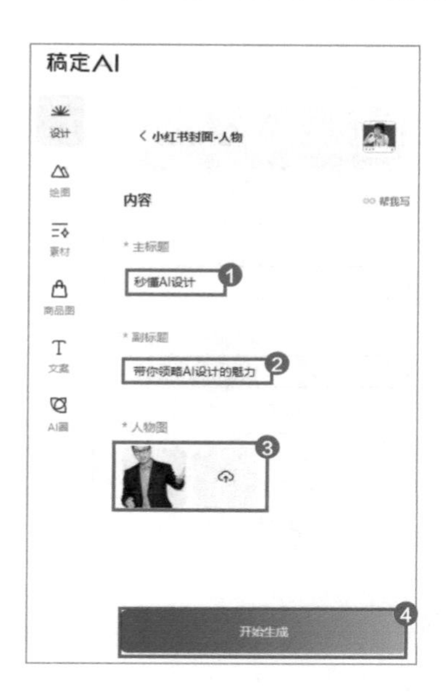

AI 会自动帮我们去除人物图的背景，生成各式各样的小红书笔记的封面图。

第三步：修改封面图上的说明文字。选中喜欢的封面图模板，单击【开始编辑】，就能对封面图做进一步的修改了。

第四步：单击界面右上角的【下载】，即可将封面图保存下来。

4.3 抖音短视频封面图：爆款封面，引人驻足

当你刷短视频的时候，看到某个短视频封面十分吸引人，会不会对短视频内容产生好奇？

当你点开某个短视频账号，看到系列化的封面，是不是感觉这个账号专业性强、有辨识度，内容有连续性，忍不住想多看几眼？

无论你是想要吸引眼球的封面，还是系列化的封面，都可以用 AI 工具快速生成。具体操作步骤如下。

第一步：在【稿定 AI】中找到并单击【视频封面】。

视频封面-竖版

第二步：输入文案，上传图片，AI 将自动生成短视频封面图，选择符合需求的封面图下载并保存。

技巧点拨

遇到合适的封面图模板，但对配色不满意怎么办？无须手动修改，单击封面图下方的“转换”符号，即可更换配色。

遇到喜欢但一时半会用不上的封面图模板，可以单击封面图下方的【⋮】，选择【保存至我的空间】，把模板收藏起来，以便下次使用。

总结一下，借助稿定 AI，只需输入与内容相关的文案便能获取多样化的微信公众号、小红书图文、抖音短视频封面图。

但还有一些配图，则需要借助 Midjourney 等工具，通过输入具体的提示词才能获取。

来看看下面的案例。

4.4 公众号文章配图：从此不愁没素材

微信公众号文章中穿插的配图，可以让文章读起来更有节奏感，改善阅读体验；和文案内容相关的配图还能帮助读者理解文章内容。

但我们经常会遇到找不到或没时间找配图的情况，这时只需要给 AI 提供一些提示词，它就能快速生成配图。

4.4.1 照片配图

用照片给文章配图能带给人们真实感，提示词可以着重表现人物、场景、氛围。

例如，一篇讲述年轻人奋斗故事的文章，需要搭配职场人深夜工作的图片。

提示词

photography, a professional Chinese male, working on a computer in the office, late at night, close-up, soft light --ar 16:9

摄影，一个中国职业男性，在办公室的电脑前工作，深夜，特写，柔光，图片宽高比为 16：9

生成图

4.4.2 卡通插画配图

卡通插画配图能让文章内容变得生动有趣，这时提示词可以对主体、场景、风格进行描述。

例如，一篇和宠物相关的文章，需要一张小狗的卡通插画配图。

提示词

cartoon illustration, pink, thick black line drawing, a cute dog, clean background, minimalism --ar 3:2 --niji 5

卡通插画，粉红色，粗黑线画，一只可爱的狗，干净的背景，极简主义风格，图片宽高比为 3：2，二次元画风

生成图

当文章与风景、假期相关，我们还可以生成卡通风景配图。

提示词

cartoon illustration, a child standing on top of a mountain, with rolling hills and clouds in the distance, in the style of Emiliano Ponzi, Dima Dmitriev, Josef Kote, captivating, emotional imagery, sky-blue and emerald, 2D --ar 4:3 --niji 5 --style cute --q 2

卡通插图，一个孩子站在山顶上，远处有连绵起伏的群山和云朵，具有埃米利亚诺 · 庞兹、迪马 · 德米特里耶夫、约瑟夫 · 科特这 3 位艺术家的风格，有吸引力的，情感充沛的意象，天蓝色和翡翠色，2D 风格，图片宽高比为 4：3，二次元画风，可爱风格，质量 2

生成图

4.5 数字 IP 角色：可控可塑成本低

在社交媒体上，一个鲜活有趣的数字 IP 角色不仅能够吸引人们的关注，还能形成记忆点，让人容易记住，有利于打造一个独具特色的社交媒体账号。

如何用 AI 工具生成数字 IP 角色呢？来看看下面两个案例。

4.5.1 人物 IP 角色

人物 IP 角色需要具备个性鲜明、与品牌形象相符合等特点。为了让 AI 更好地进行创作，写提示词时可以对人物 IP 角色的外貌、服装、视图进行描述。

提示词

a cute girl in a white chef's coat, big water eyes, dark background, blind box style, chibi, full body shot, three views, the front view, the side view and the back view, maintaining consistency and unity, best quality, C4D rendered, 3D --ar 16:9 --niji 5

身穿白色厨师服的可爱女孩，水汪汪的大眼睛，深色背景，盲盒风格，chibi 风格的卡通形象（一般是小巧、可爱的风格），全身图，三视图，前视图、侧视图和后视图，保持一致性和统一性，最佳质量，C4D 渲染，3D 风格，图片宽高比为 16：9，二次元画风

生成图

4.5.2 动物 IP 角色

动物 IP 角色往往具有可爱、独特和与品牌形象相符等特点。写提示词时，可以多对动物 IP 角色的物种、特征、视图进行描述。

提示词

shiba inu, wearing sunglasses and trendy sweatshirts, cute sneakers, delicate features, chibi, smile, big head, short body, full body shot, candy colors, three views, namely the front view, the side view and the back view, maintaining consistency and unity, best quality, C4D, 3D --ar 16:9 --niji 5

柴犬，戴着太阳镜、穿着时髦的运动衫，可爱的运动鞋，精致的五官，chibi 风格的卡通形象，微笑，大大的脑袋，短小的身体，全身图，糖果色，三视图，即前视图、侧视图和后视图，保持一致性和统一性，最佳质量，C4D，3D 风格，图片宽高比为 16：9，二次元画风

生成图

由此可见，借助 AI 工具生成社交媒体配图，不仅能够提高工作效率，还能快速涨粉。

第 5 章

炫酷视频制作，随心创作大片

有了 AI 视频制作工具，即便你不是专业的设计师，也能高效便捷地创作出宣传视频、广告片或者动画短片等作品，轻松将天马行空的想象力变为现实。

关注公众号“秋叶 AI 设计”，发送关键词“AI 视频”，查看本章中 AI 生成的完整视频内容。

5.1 虚拟人物口播：无须真人更省心

口播视频主要通过主播的解说来传递信息或讲述故事，有时还会配上一些背景音乐、视觉元素，增强视频的感染力和吸引力。

这类视频的应用广泛。例如：用口播视频介绍旅游景点，吸引游客；用口播视频进行线上培训，解说知识点，帮助学员掌握知识；用口播视频展示某产品的功能、用途和使用方法，让用户能够快速上手使用产品。

使用虚拟人物制作口播视频，相比真实主播，有很多优势：更节省成本，不需要支付其人力成本；更可控，虚拟人物不会受到情绪、声音变化等因素的影响；虚拟人物还能定制，其外貌、声音、语调都是可以定制的，能够满足我们不同的使用场景。

制作虚拟人物口播视频的工具有很多，下面以 HeyGen 为例，介绍如何用 3 步生成虚拟人物口播视频。

第一步：登录 HeyGen 网站，单击页面右上角的【Create Video】（创建视频）。

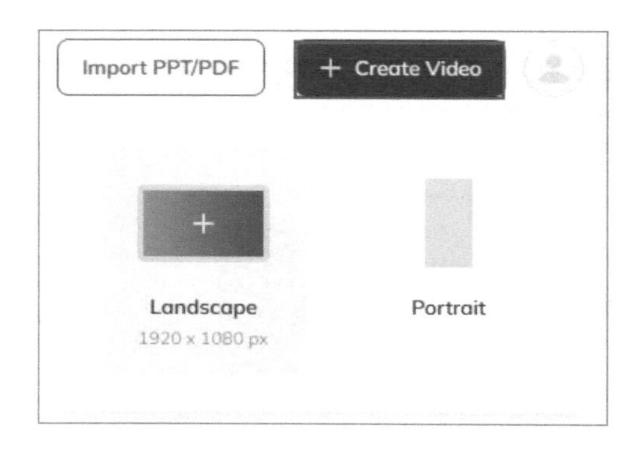

第二步：设置虚拟人物、口播文案和语言。

第三步：下载视频。单击页面右上角的【Submit】（提交）即可生成和下载视频。

当然，我们还可以根据需求进一步定制设计视频。

例如，单击选中虚拟人物，单击视频上方的“人像”图标，在弹出的菜单中选择【Close-up】（特写），虚拟人物就能以特写镜头展示。

单击“换脸”图标，然后上传自己的照片，或是选择网站提供的虚拟人脸，为虚拟人物换脸。

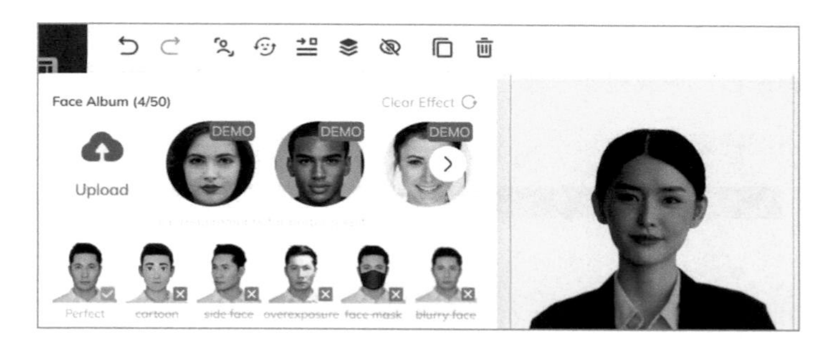

要注意的是，在大部分用于制作虚拟人物口播视频的工具中，一些进阶定制设计的功能都是需要付费使用的，免费使用的可能会有时长限制，或视频会自动添加水印等。

技巧点拨

可以借助 ChatGPT 来写口播文案。无须打开 ChatGPT 网站，只需要在 HeyGen 创建视频的页面中单击“GPT Script Writer”图标。

然后，在文本框中输入提示词，让 ChatGPT 生成口播文案。例如：请给某本书写一段推荐语，这本书的主要内容是……

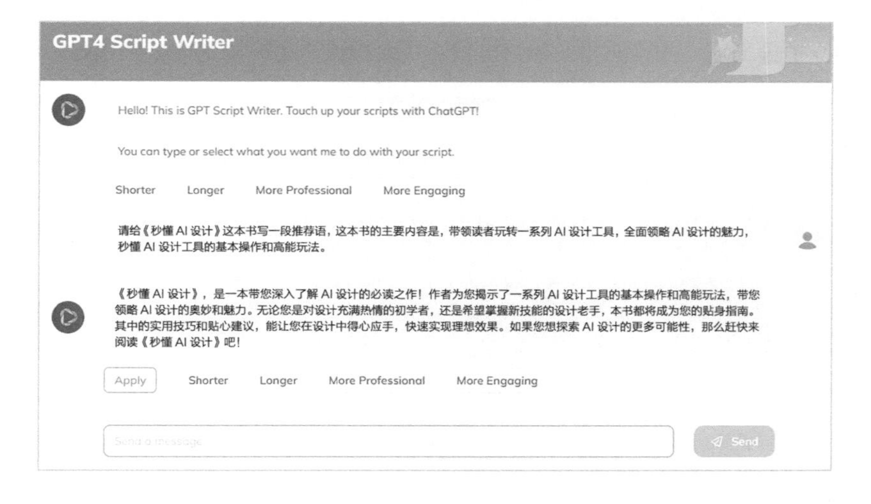

如此一来，我们便能更加轻松、高效地制作海量虚拟人物口播视频。

5.2 文字转视频：会打字就会做视频

当我们需要这样一段视频：

从高空俯瞰夏日海滩，金黄色的沙滩，蔚蓝的海水，仿佛一幅绚丽的画卷。海面上浪花涌动，令人心旷神怡。

你会怎么做？

是不是会先撰写视频脚本，再组织导演、摄影师、场记等人员，还需要购买或租赁航拍无人机、摄影机和镜头、设备稳定器等摄影器材，另外会考虑拍摄时的天气条件、日出日落时间、游客数量，最后还得选择拍摄场地，并且向相关部门申请、获取拍摄许可……这样才能确保拍摄过程顺利进行，以获得最佳的视频效果。

为此投入的成本、花费的时间，可想而知。

现在，我们只需输入提示词，就能让 AI 自动生成指定的视频内容。毫不夸张地说，只要你会打字，就能制作出有趣的短视频，甚至是电影。

例如 Meta 公司出品的 Make-A-Video、谷歌公司出品的 Imagen Video 等 AI 视频处理工具，通过输入提示词“sprouts in the shape of text 'Imagen' coming out of a fairytale book”，即可生成这样一段视频：“Imagen”（图像）字形的嫩芽从童话书中生长出来。

又如输入提示词“a shark swimming in clear Carribean ocean”，得到“鲨鱼在清澈的加勒比海中遨游”的视频。

接下来就以人工智能公司 Runway 出品的 Gen-2 为例，介绍如何撰写提示词才能给 AI 提供更明确的创作指导，生成优质的视频作品。

第一步： 登录 Runway 网站，单击【TRY RUNWAY FOR FREE】（免费试用 Runway）。

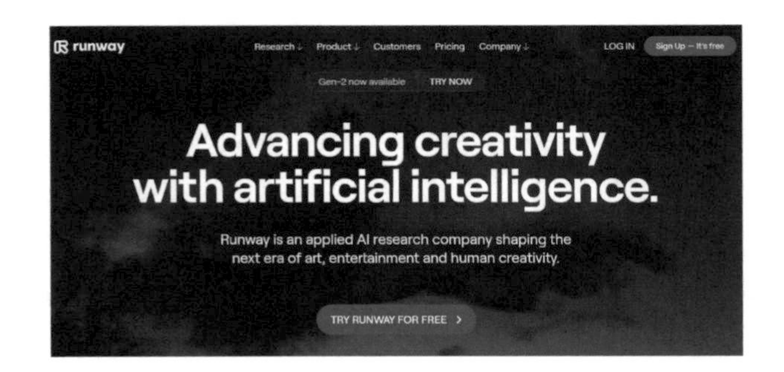

第二步：进入主页后，依次单击【VIDEOS】（视频）—【Generate videos】（生成视频）—【Gen-2: Text to Video】（从文本到视频），即可开启创作。

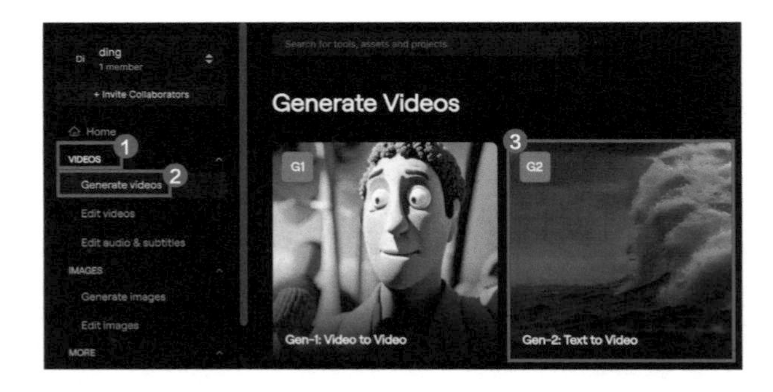

第三步：在文本框内输入提示词，单击【Generate】（生成），Gen-2 就会自动生成视频内容。注意，提示词有长度限制，不能超过 320 个字符。

那么，如何撰写 AI 视频提示词呢？

和生成图片所使用的提示词一样，生成视频所使用的提示词也可以按照“场景描述 + 风格细节”的结构来写，其中“场景描述”类的提示词是必不可少的，“风格细节”类的提示词根据需求填写即可。下面来看几个案例。

例：航拍海滩

提示词

aerial drone shot of a tropical beach, subject in focus, cinematic video, dynamic movement

无人机航拍的热带海滩，聚焦于主体，电影视频，动态移动

生成视频中的一帧画面

例：草地特写

提示词

grass, shallow depth of field, close-up, cinematic

草地，浅景深（此处可理解为使草地的背景虚化、模糊），特写，电影风格

生成视频中的一帧画面

例：色彩流动

提示词

soft colors, abstract design, slow moving

柔和的色彩，抽象设计，缓慢地流动

生成视频中的一帧画面

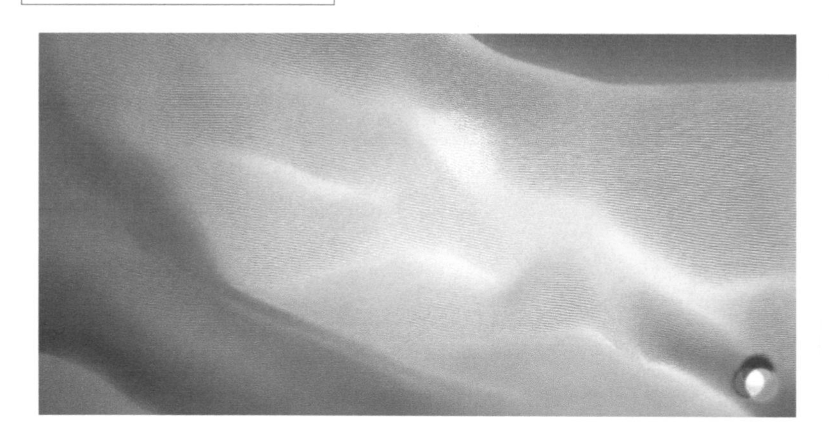

注意

使用 Gen-2 生成视频，免费用户单次生成的视频时长可能仅有几秒钟，如需生成长视频，可以在生成多个短视频后，利用其他视频后期工具合成为长视频。

5.3 抠图去背景：轻松替换背景

当需要给视频换一个场景时。以前设计师们通常会使用专业的视频后期工具，如 Adobe After Effects 完成。但其操作流程比较复杂，对普通人来说，不太好上手操作。

现在有了 AI 视频制作工具，我们可以快速为视频抠图去背景。下面以 Runway 为例介绍具体的操作步骤。

第一步： 登录 Runway 网站后，在主页找到并单击【Edit videos】（编辑视频），就能在右侧看到“Remove Background”（删除背景）功能。这个功能可以删除、模糊处理或直接替换视频背景。

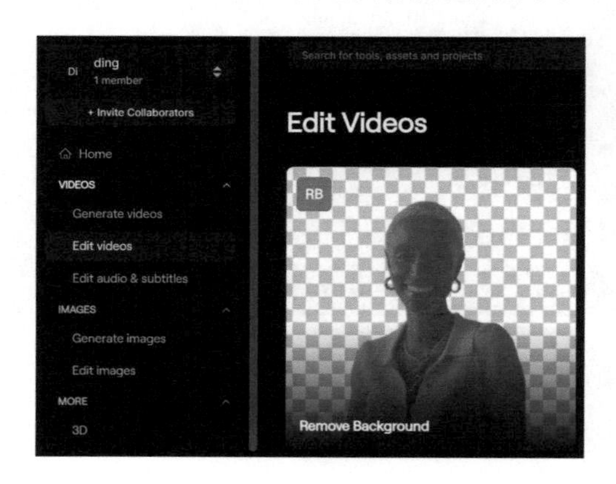

第二步：上传视频。依次单击页面左上角的【Upload】（上传）和页面右侧的【Add to timeline】（添加到时间线），即可上传视频。

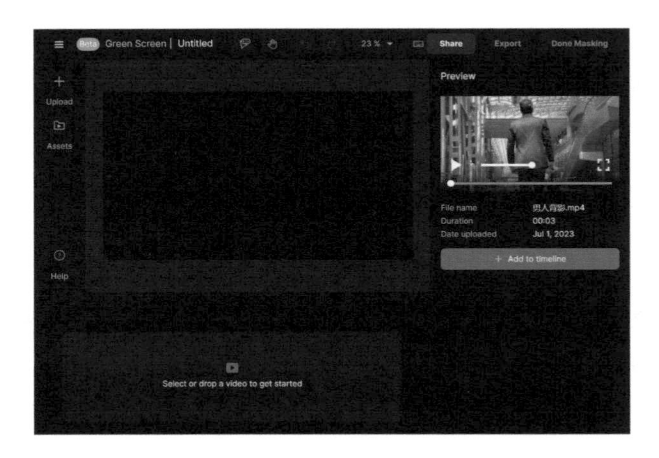

第三步：单击视频中需要保留的主体内容。例如单击男人的背影，可以看到背影会变为绿色，表示这部分内容会被保留。

放大视频预览窗口，可以发现一些细节还没有处理好。如下页图所示，人物的手部、公文包没有被保留。

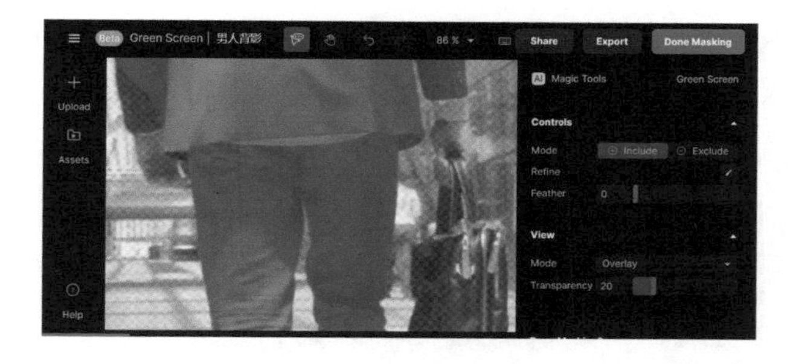

这时可以在需要保留的主体上继续单击，直到要保留的主体内容全部变为绿色。

如果不小心选中了一些不需要保留的背景内容，该怎么删除呢？单击【Exclude】（排除），再单击不需要保留的背景内容即可。

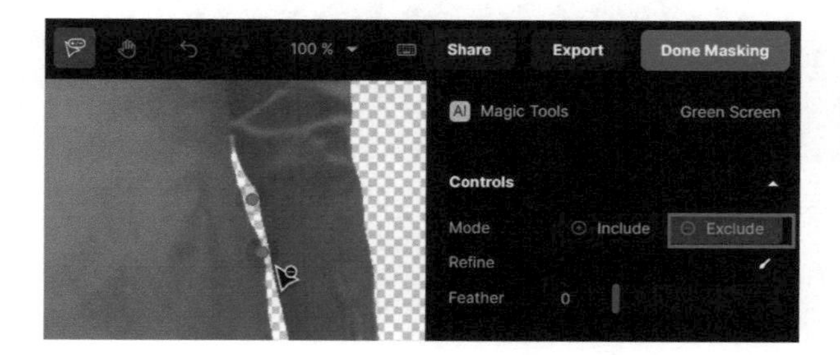

第四步： 处理好细节后，依次单击页面右上角的【Done Masking】（完成遮蔽）—【Export】（输出），即可导出删去了背景的视频。

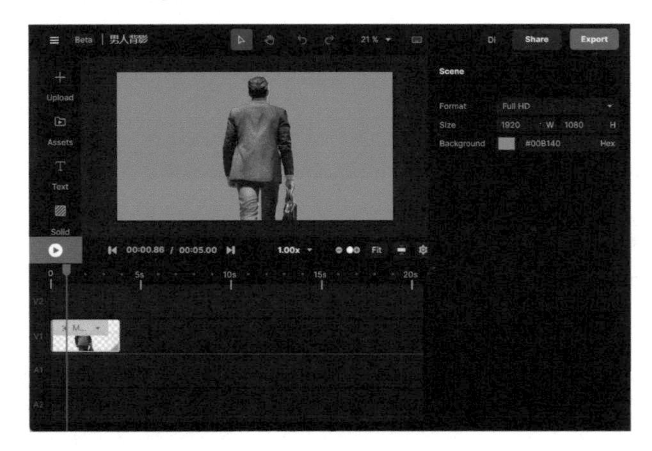

技巧点拨

在单击【Export】导出视频之前，可以先单击选中左侧视频，在页面右侧找到【Feather】（羽化），适当增大羽化数值，可以让删除了背景的视频中保留下来的主体边缘更自然。

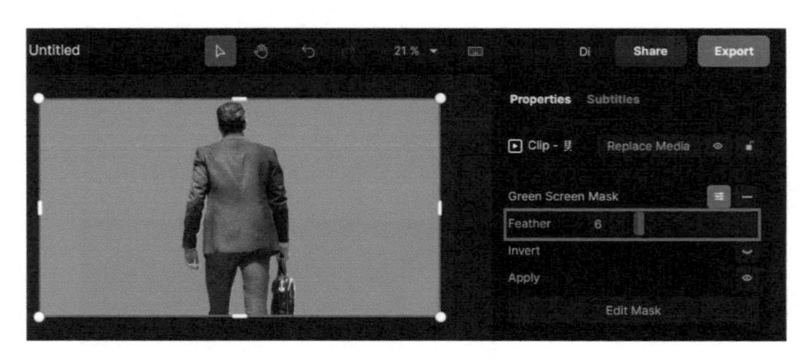

5.4 删除多余事物：告别杂乱环境

你一定有过这类“抓狂”的时刻：拍摄视频时，好不容易拍到了一段精彩的画面，却发现无关的路人突然闯入镜头……

重新拍摄显然不太现实，这时不妨借助 AI 工具，快速去除视频中多余的人物、动物、文字或物品。

还是以 Runway 为例，看看如何删除视频中多余的事物。

第一步： 登录 Runway，在【Edit videos】（编辑视频）中找到【Inpainting】（图像修复）功能。

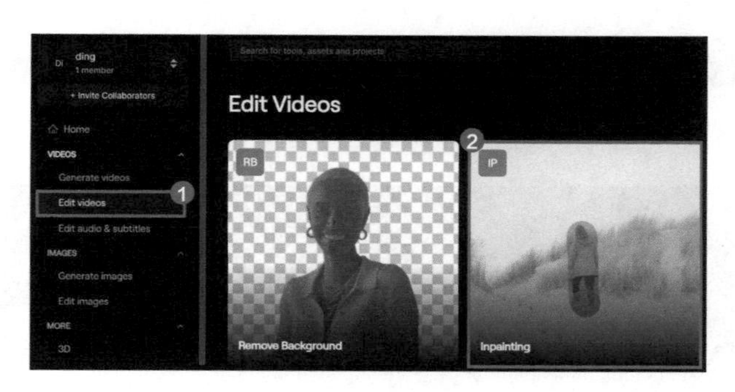

第二步： 导入视频。

第三步：按住鼠标左键涂抹视频画面中不需要的事物，例如下图视频中远处的路人。

如下图所示，路人轻轻松松就被去除了。

第四步：依次点击页面右上角的【Done Inpainting】（完成修复）—【Export】（输出），即可下载视频。

技巧点拨

在编辑视频时，调节右侧【Brush Size】（笔刷尺寸）的数值，可以更改笔刷大小。当需要删除的事物比较大时，可以使用大笔刷涂抹；当需要删除的事物比较小时，可以使用小笔刷涂抹。

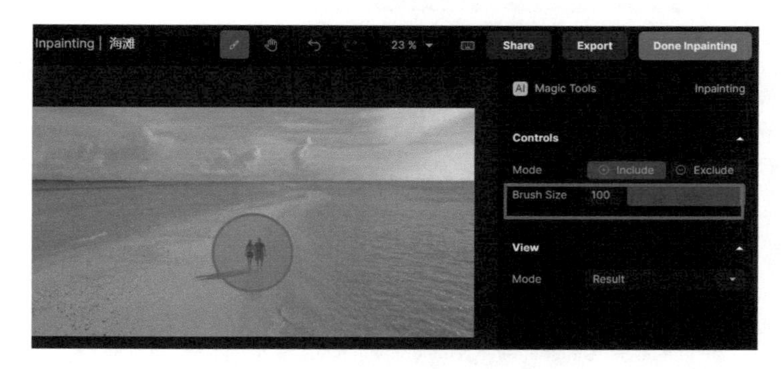

5.5 语音转成字幕：自动生成，解放双手

如果要为每一段视频逐帧、手动添加字幕，视频创作者的工作量非常大。

现在有了 AI，我们完全不用担心这一问题。AI 可以用语音识别技术将视频中的对话转换为文字，并生成相应的字幕，让我们得以更高效地在短时间内处理大量视频。

下面以视频编辑工具剪映为例，介绍具体操作。

第一步：打开剪映，单击【开始创作】。

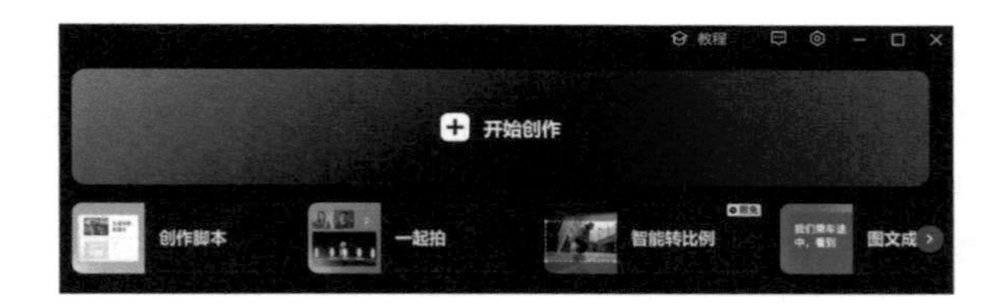

第二步：导入视频。

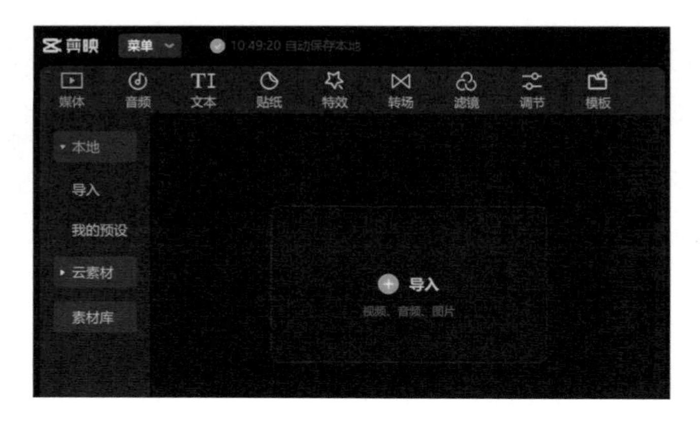

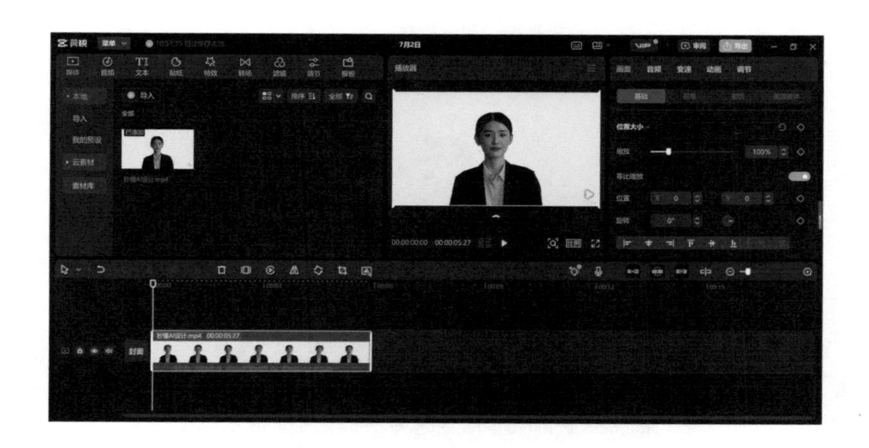

第三步：在页面左上角找到并依次单击【文本】—【智能字幕】—【识别字幕】中的【开始识别】。

很快，剪映就会根据视频中人物说的每一句话生成相应的字幕。

播放器
秒懂AI设计
00:00:01:22 00:00:05:27
比例
00:00
00:03
秒懂AI设计
是一本带您深入
AI设计的必读制
秒懂AI设计.mp4 00:00:05:27

第四步：导出视频。

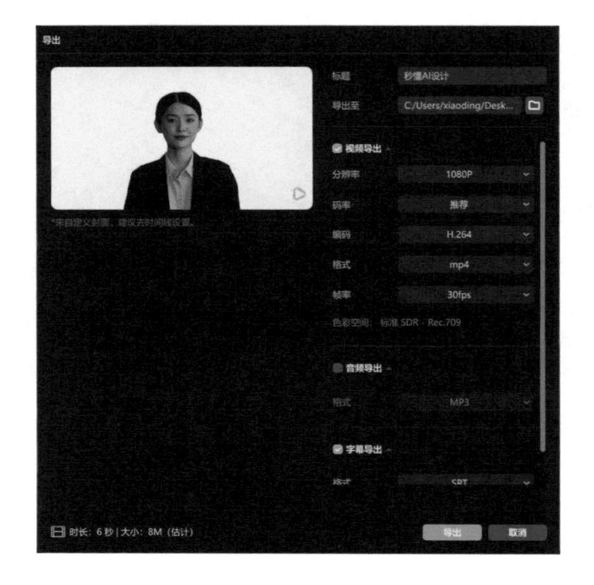
导出
标题 秒懂AI设计
导出至 C:/Users/xiaoding/Desk...
视频导出
分辨率 1080P
码率 推荐
编码 H.264
格式 mp4
帧率 30fps
色彩空间：标准 SDR - Rec.709
音频导出
格式 MP3
字幕导出
时长：6秒 | 大小：8M（估计）
导出
取消

技巧点拨

有时受到人物口音、同音词或视频中背景音乐等因素的干扰，AI 生成的字幕不一定百分之百准确，需进行校对和修改，以确保视频的质量。

如下图所示，AI 把“必读之作”识别成了“必读制作”。这时可以在右侧的文本框内对 AI 字幕进行修改，还可以调整字体、字号、颜色等。

5.6 智能配音：人人都能拥有好声音

在纪录片中，旁白可以为观众提供解说或补充视频内容；在动画片中，卡通人物的配音可以让画面更加生动有趣；在游戏视频中，游戏角色的配音可以增强玩家的沉浸感，提升游戏体验……

不同的视频需要不同音色的配音，例如低沉浑厚的男声、柔和清亮的女声、稚嫩清澈的童声、成熟稳重的老年声；有时我们还需要多种语言的配音。

招募一批专业配音员需要花费大量的成本，如果你想提升视频制作效率，可以试试 AI 智能配音，它可以帮你零成本拥有各式各样的好声音。

只需提供文案、选择配音的风格，即可自动生成配音。下面以剪映为例讲解具体操作。

第一步：打开剪映，导入视频。

第二步：依次单击左上角的【文本】—【新建文本】—【默认文本】，即可为视频添加文本字幕。

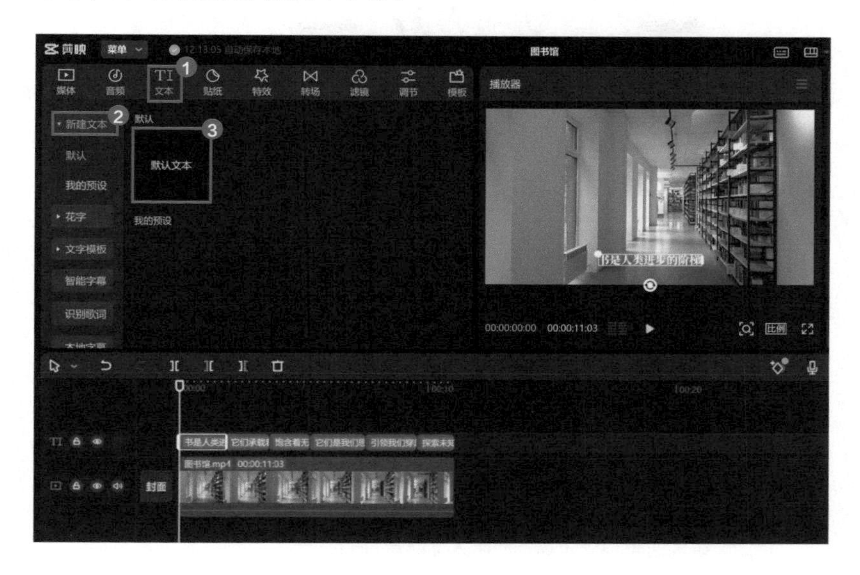

第三步：选中文本字幕，单击【朗读】，可以看到有多种不同风格的配音供我们选择，单击【知识讲解】—【开始朗读】，即可为文本字幕添加配音。

第四步： 配音生成完毕后，即可导出视频。

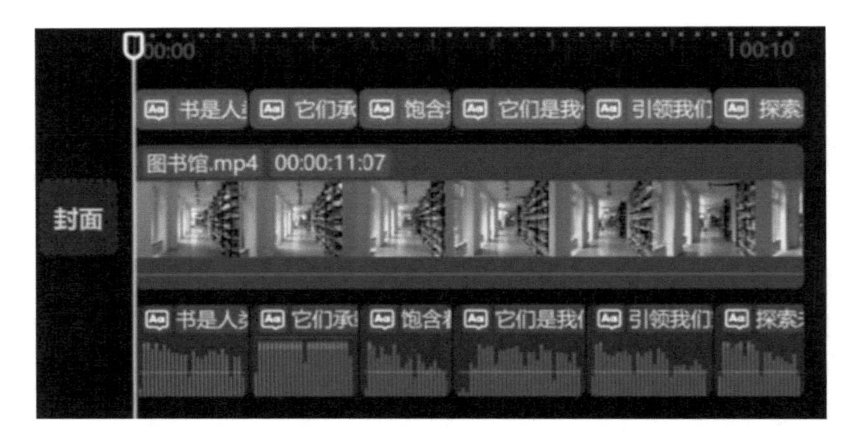

注意

大部分 AI 智能配音的表达力和情绪感染力可能无法媲美人工配音，若对特定情感表达等要求较高，使用人工配音可能更合适。而 AI 智能配音适用于一些简单的视频内容，或是需要快速、高效配音的情况。

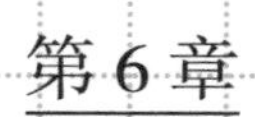

绝美插画自动生成，零基础也能打造“大神级”画作

日常生活中，大到巨幅户外广告、网站、应用程序，小到头像、图标、logo，都可能用到插画，它已然成为设计中必不可少的素材。

对于非专业画师来说，以前，想得到一张可以使用的插画还是非常困难的；现在借助 AI 绘画工具 Midjourney 可以轻松得到想要的插画。

本章将介绍插画配图、图标、logo、头像等案例，让零基础的绘画“小白”也能打造“大神级”画作！

6.1 插画配图：百变风格轻松掌握

6.1.1 二次元画风插画

二次元画风插画广泛应用于动画、漫画、游戏等领域。提示词可以包含可爱、卡通、动漫，还可以指定宫崎骏等漫画家的风格。

提示词

a lively and lovely high school girl with black hair and black framed glasses, anime cartoon style, soft light --ar 3:4 --style original

一个有着黑色头发、戴着黑框眼镜的活泼可爱的高中女生，动画风格，柔光，图片宽高比为 3：4，原始风格

生成图

6.1.2 扁平风插画

扁平风插画以简洁的线条、鲜明的色块、简单的几何形状，以及抽象和符号化的表现形式为特点。它易于识别和记忆，还能给人现代、时尚的感觉。提示词中需要体现这些特点。

提示词

a working woman is sitting in front of a computer, working, flat illustration, bright color scheme, in the style of soft lines and shapes, blue and white, gradient color, transparent texture --ar 3:4 --style expressive

一位职场女性坐在电脑前，工作，扁平风插画，明亮鲜艳的颜色搭配，柔和的线条和形状，蓝色和白色，渐变色，透明感，图片宽高比为 3：4，富于表现力的风格

生成图

提示词

flat design, poster, Santorini landscape, stunning, summer, blue sea --ar 3:4 --s 250 --q 2 --niji 5

扁平化设计，海报，圣托里尼的风景，惊艳的，夏天，蓝色的海洋，图片宽高比为 3：4，风格化 250，质量 2，二次元画风

生成图

6.1.3 3D 立体风插画

3D 立体风插画以真实感、立体感、想象力和创造力为特点，通过透视、光影和纹理等技术呈现出复杂而生动的场景和角色。提示词可以包

含 3D 风格、三维建模。

提示词

cute little girl with black hair, wearing a red bow and a red and white checkered skirt, Disney cartoon style, octane render, C4D, Blender --ar 3:4 --style expressive

黑色头发的可爱小女孩，戴着红色蝴蝶结，穿着红白格子裙，迪士尼卡通风格，辛烷值渲染，C4D，Blender(一款三维图形图像软件)，图片宽高比为 3 : 4，富于表现力的风格

生成图

提示词

a cute Chinese girl wearing an orange red dress, holding a big koi in her arms, whole body, cute, pastel colors, octane render, 8K, HD, 3D, C4D --ar 3:4 --style default

一个可爱的中国女孩穿着橙红色的裙子，怀里抱着一条大锦鲤，全身，可爱的，柔和的颜色，辛烷值渲染，8K，高清，3D 风格，C4D，图片宽高比为 3：4，默认风格

生成图

6.1.4 简约风插画

简约风插画以简洁的线条、形状、色彩和构图为特点，能够通过简化突出关键元素、传递信息。提示词中可以包含极简、简约等描述风格的表达。

提示词

a cute girl with long hair, holding a bouquet of flowers, pure white background, with aminimalist style of painting --ar 3:4 --style expressive

一个长发的可爱女孩，拿着一束花，纯白色背景，具有极简主义绘画风格，图片宽高比为 3：4，富于表现力的风格

生成图

提示词

cute cartoon girl, full body, yellow background, doodle in the style of Keith Haring, bold lines and solid colors, simple details, minimalist --ar 3:4 --style default

可爱的卡通女孩，全身，黄色背景，凯斯 · 哈林风格（轮廓较粗，线条流畅简洁）的涂鸦，粗线条和纯色，简单的细节，极简主义，图片宽高比为 3：4，默认风格

生成图

6.1.5 清新古风插画

古风插画中的人物、服饰、装饰、场景等都涉及中国古代的艺术表现风格和方式。国风游戏、动画、电影中经常使用古风插画。提示词可以围绕中国风的元素来写。

提示词

a Chinese ink painting, summer, an ancient Chinese beauty, wearing Chinese costumes, standing in the lotus pond, green and blue color --ar 3:4 --style expressive

一幅中国水墨画，夏天，一位中国古代美女，穿着中国传统服装，站在荷塘里，青蓝色，图片宽高比为 3：4，富于表现力的风格

生成图

6.1.6 科幻机甲风插画

科幻机甲风插画追求科技感、机械感，通常以冷色调为主。在写提示词时可以多描述未来、机械的场景和风格。

提示词

Snorlax from Pokémon wearing a futuristic mech with a happy expression, in the universe, Pixar style, simple shape, natural light, ultra-clear projection, 3D, 8K, Cinema 4D, Blender, octane render, ultra hd --ar 3:4 --style expressive

来自神奇宝贝的卡比兽穿着未来主义机甲，表情愉快，在宇宙中，皮克斯风格，简单的形状，自然光，超清晰投影，3D 风格，8K，C4D，Blender，辛烷值渲染，超高清，图片宽高比为 3：4，富于表现力的风格

生成图

提示词

young Asian boy, from space, wearing futuristic armor, standing next to a white robot, white and gray, in the future, in Unreal Engine 5 style, movie stills, 32K, uhd --ar 3:4 --q 2 --s 750 --niji 5

年轻的亚洲男孩，来自太空，穿着未来主义风格的盔甲，站在一个白色机器人旁边，白色和灰色，在未来，虚幻引擎 5 的风格，电影剧照， 32K，超高清，图片宽高比为 3：4，质量 2，风格化 750，二次元画风

生成图

6.1.7 剪纸风插画

剪纸风插画看起来就像一幅剪纸作品，很有立体感和层次感。提示词中可以包含剪纸、镂空等描述。

提示词

paper cut work, Chinese New Year, red tone, full of imagination, premium feel, hollow design, light and shadow, 3D --ar 3:4

剪纸作品，春节，红色调，充满想象，高级质感，镂空设计，光线和阴影，3D风格，图片宽高比为 3∶4

生成图

6.1.8 超现实主义风插画

超现实主义风格插画中的元素往往是反常识、不合逻辑的，这种插画还会把现实与梦境相结合，营造出奇幻、神秘的氛围。在写提示词时，我们可以大胆发挥自己的想象力。

提示词

hyper realistic illustrations, landscape, giant planet in the sky, a river, pink and blue shade, dreamy, psychedelic art work, 8K, uhd --s 750 --ar 3:4 --v 5

超现实主义插图，风景，天空中巨大的星球，一条河，粉色和蓝色阴影，梦幻的，迷幻的艺术作品，8K，超高清，风格化 750，图片宽高比为 3：4，版本 5

生成图

6.1.9 niji 参数使用技巧点拨

提示词中的“--style original”“--style expressive”是什么意思呢?

这是“niji”（调用专注于生成二次元画风图片的模型）的细分风格，目前有这样 5 个细分风格。

- default style：默认风格，即传统的动漫画风。
- expressive style：富于表现力的风格，偏向欧美风，更有质感。
- cute style：可爱风格，画面更加柔和。
- scenic style：舞台风格，有电影灯光的效果，画面氛围感很强。
- original style：原始风格，画面更精致细腻。

其他提示词相同，使用这 5 种不同风格生成图片，效果也会有所差异。例如：

a girl with two black braids, wearing a white dress, holding a bouquet of roses, upper body, half body photo, close-up

一个扎着两条黑色辫子的女孩，穿着白色连衣裙，手里拿着一束玫瑰花，上身，半身照，特写

从左到右依次为使用默认风格、富于表现力的风格、可爱风格、舞台风格、原始风格生成的图片。

那么，如何调用这 5 种风格呢？有两种方法。

方法一

在提示词末尾，先输入“--niji 5”，再输入细分风格提示词。例如“one apple --niji 5 --style cute”。

方法二

第一步：在提示词框内输入“/settings”（设置）命令，选择“niji・journey Bot”（调用专注于生成二次元画风图片的模型）。

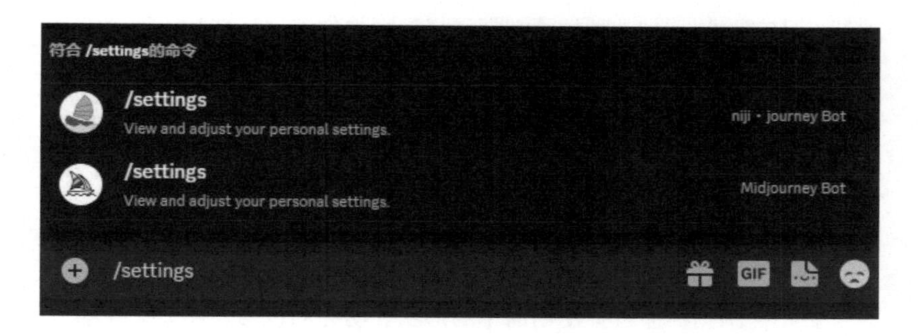

第二步：在设置选项的第三行中，单击选择需要的风格。

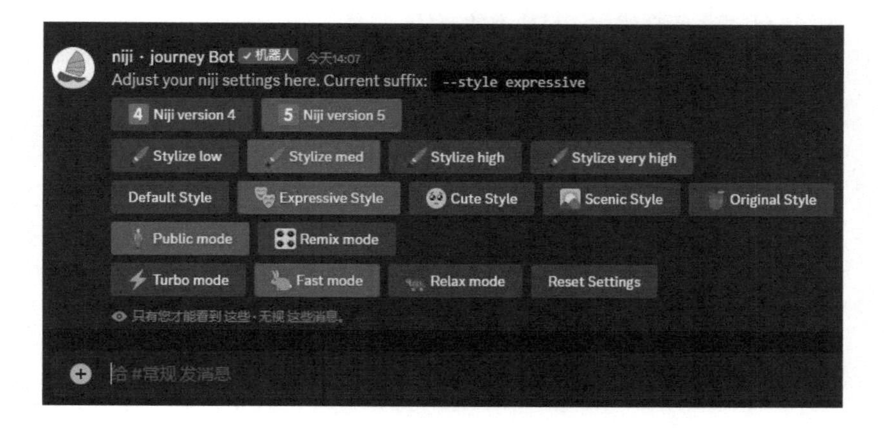

6.2 插画图标：视觉表达更直观

日常生活中，图标随处可见，除了手机 App 图标，我们也经常会在网页、游戏界面、PPT、海报等中见到图标的身影。图标可以增强产品的设计感，还能让我们更快速、清晰地获取信息。

如果你不是专业的 UI 设计师，不妨借助 AI 工具来生成图标。接下来以当下较为流行的几种插画图标风格进行操作演示，这些风格分别是扁平插画图标、线性插画图标、3D 插画图标、卡通插画图标、磨砂玻璃质感插画图标。

6.2.1 扁平插画图标

扁平插画图标通常会使用简单的形状和明亮的色彩，还会去除细节和阴影，呈现出简洁、直观的视觉效果。平面化的表现形式使扁平风插画图标更适用于现代化、科技类的产品。

提示词

some mobile application icons, vector icons, flat illustration icons, flat style, white background --ar 3:4 --style expressive

一些移动应用程序图标，矢量图标，扁平插画图标，扁平风格，白色背景，图片宽高比为 3：4，富于表现力的风格

生成图

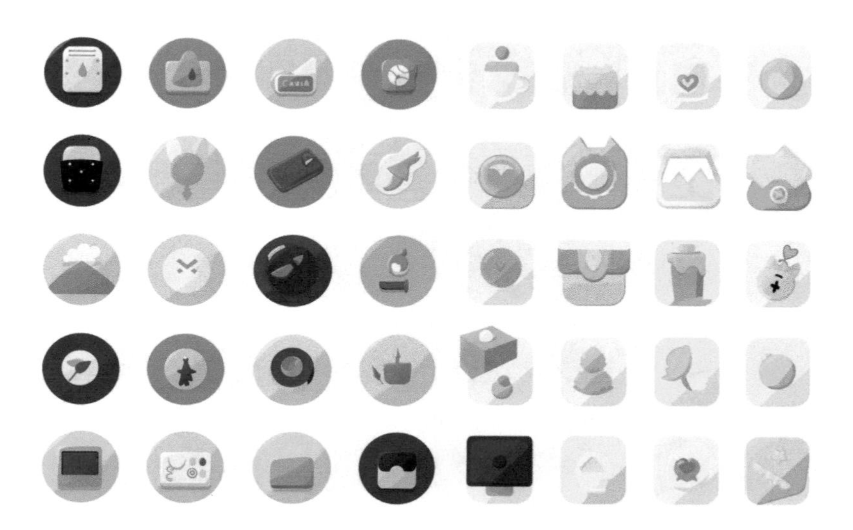

6.2.2 线性插画图标

线性插画图标使用简单的线条来描绘形状，轮廓清晰，而且十分强调几何结构，通常采用单色或少量色彩，注重图形的简洁性和清晰度。

提示词

some mobile application icons, vector icons, linear icons, thin lines, simple details, white background --ar 3:4 --style expressive

一些移动应用程序图标，矢量图标，线性图标，细线条，简单的细节，白色背景，图片宽高比为 3：4，富于表现力的风格

生成图

6.2.3 3D 插画图标

3D 插画图标通过透视和阴影效果，来实现立体感和真实感，往往显得更有层次。3D 插画图标广泛用于游戏设计、虚拟现实、建筑工程等领域。

提示词

some mobile application icons, vector icons, 3D icons, stereoscopic icons, white background --ar 3:4 --style expressive

一些移动应用程序图标，矢量图标，三维图标，立体图标，白色背景，图片宽高比为 3 : 4，富于表现力的风格

生成图

6.2.4 卡通插画图标

卡通插画图标常使用明亮、鲜艳的色彩，以及夸张、可爱的表现方式。卡通插画图标可用于儿童产品、游戏、教育等领域。

提示词

some mobile application icons, vector icons, cartoon illustration icons, cute icons, white background --ar 3:4 --style expressive

一些移动应用程序图标，矢量图标，卡通插画图标，可爱的图标，白色背景，图片宽高比为 3：4，富于表现力的风格

生成图

6.2.5 磨砂玻璃质感插画图标

磨砂玻璃质感插画图标模拟模糊和半透明的玻璃质感，给人一种柔和、朦胧的感觉，常与淡雅的色彩搭配，营造出一种柔和、温暖的氛围。

提示词

some mobile application icons, transparent material, blue and white, frosted glass, transparent technology sense --ar 3:4 --style expressive

一些移动应用程序图标，透明材质，蓝色和白色，磨砂玻璃，透明科技感，图片宽高比为 3 : 4，富于表现力的风格

生成图

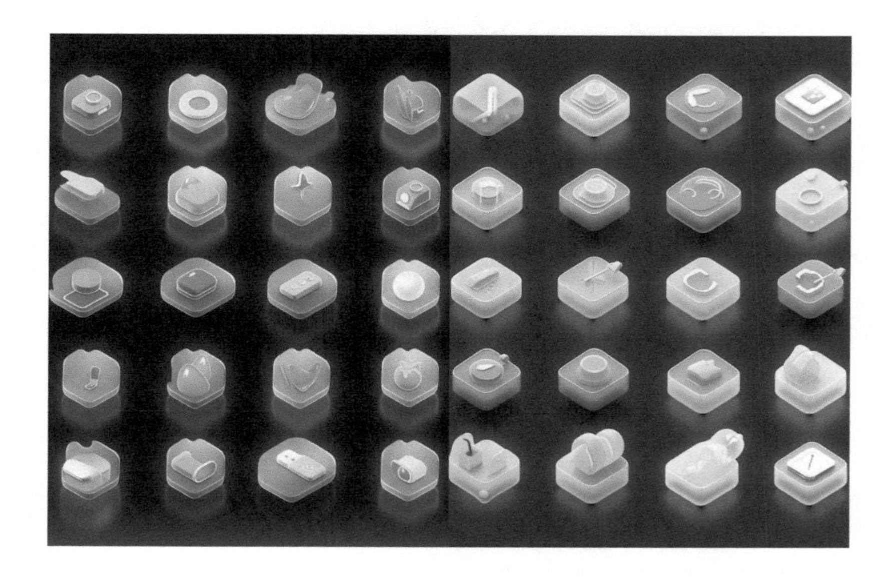

注意

使用 Midjourney 生成的是一整张图片，如果想使用单个图标，可以使用抠图工具进行抠图。

6.3 logo：简单易懂易识别

无论是企业、店铺，还是球队、班级或者微信群，都可以制作一个 logo 来代表自己的形象。

下面就来看看如何借助 AI 工具来生成 logo 吧！

6.3.1 图形 logo

图形 logo 是使用图形元素来表达品牌或组织的标志。它们通常以简洁、抽象或具象的形式呈现，具有强烈的视觉冲击力和易于辨识的特点。

提示词

a graphic logo, a cat head, minimalist style, simple shape --ar 1:1 --style expressive

一个图形 logo，一个猫头，极简风格，简单的形状，图片宽高比为 1：1，富于表现力的风格

生成图

6.3.2 字母 logo

字母 logo 是使用艺术化的单个字母或字母组合来表达品牌和组织的标志。它们通过字体选择、字母排列和字母形态的创造性运用来表达品

牌的个性和特点。当你不知道用什么图形来设计 logo 时，采用品牌名称的首字母来设计也是个不错的选择。

提示词

one letter logo, letter Q, pure letter, concise --ar 1:1 --style expressive

只包含一个字母的 logo，字母 Q，纯字母，简洁，图片宽高比为 1 : 1，富于表现力的风格

生成图

6.3.3 几何 logo

几何 logo 通常是由几何线条和几何图形构成的。它们以简洁、对称、几何化的形式呈现，结构明晰，具有强烈的现代感。几何 logo 适合那些追求简约、现代、科技感的品牌或组织。

提示词

a geometric symbol, an oval like a leaf, red and white, gradual, minimalism, simple shape --ar 1:1 --style expressive

一个几何标志，一个像叶子一样的椭圆形，红色和白色，渐变，极简主义，简单的形状，图片宽高比为 1：1，富于表现力的风格

生成图

6.3.4 吉祥物 logo

吉祥物 logo 通过一个具有人、动物或虚构角色形象的标志来代表品牌或组织。吉祥物 logo 通常很有亲和力、趣味性和个性，能够与受众建立情感连接。吉祥物 logo 适合那些希望通过可爱、友好的形象来传递自身价值观和身份的品牌或组织。

提示词

a mascot logo, a black short haired man wearing glasses and a red sweater, minimalism, simple details, simple shapes --ar 1:1 --style expressive

一个吉祥物 logo，一个戴着眼镜、穿着红色毛衣的黑色短发男人，极简主义，简单的细节，简单的形状，图片宽高比为 1：1，富于表现力的风格

生成图

6.4 插画头像：轻松定制专属头像

如果你想拥有一个独特的个人专属头像，又不好意思使用自己的照片，那么可以选择把自己的照片转为插画，定制一个插画头像。

具体怎么做呢？用 AI 工具就能生成专属插画头像！以照片转 3D 卡通头像为例，只需两步就能搞定。

第一步： 上传照片，获取提示词。在 Midjourney 输入栏输入“/describe”命令（这是 Midjourney 里一个专门用来给图片生成提示词的命令），上传自己的照片，按 Enter 键，可以得到 4 组提示词（这是 Midjourney 系统给的提示词，可以直接使用，也可以自己另写提示词）。

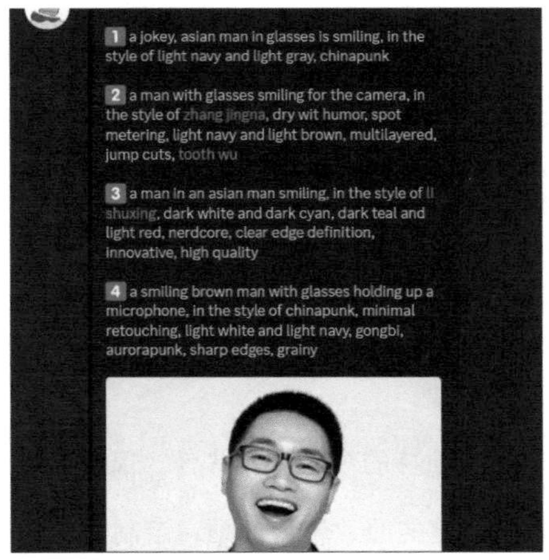

第二步： 单击选中自己的照片，右键单击，复制照片链接，然后在提示词框内粘贴照片链接，并在链接后面输入提示词，即可生成插画头像。

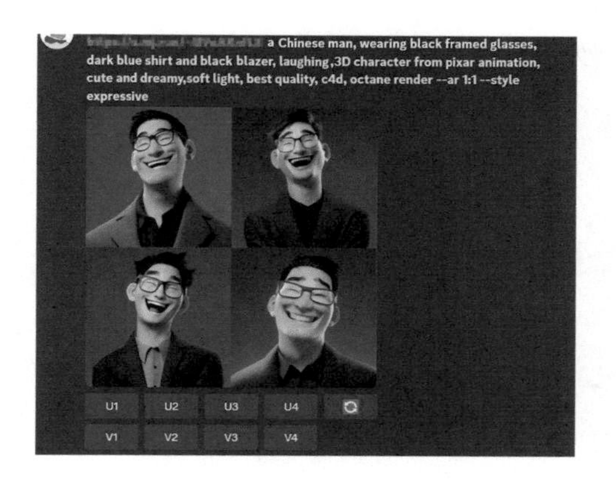

提示词

a Chinese man, wearing black framed glasses, dark blue shirt and black blazer, laughing, 3D character from Pixar animation, cute and dreamy, soft light, best quality, C4D, octane render --ar 1:1 --style expressive

一个中国男人，戴着黑框眼镜，穿着深蓝色衬衫和黑色西装外套，大笑，来自皮克斯动画的 3D 角色，可爱而梦幻，柔和的光线，最佳质量，C4D，辛烷值渲染，图片宽高比为 1：1，富于表现力的风格

生成图

以上案例为制作一张 3D 卡通风格的头像，如果你想要其他风格的插画头像，可以替换风格类的提示词。

6.5 照片转手绘：普通照片更具艺术感

想让自己的照片更有个性，更具艺术感？那么不妨试试将照片转换为手绘风格吧！想象一下，你拍的普通风景照如果转换成水墨画或者油画风格，会是什么样呢？

说到照片转手绘，你可能有这些顾虑：不会修图和合成技术，怎么样才能让自己的照片变成一张手绘风格的插图呢？

可以选择用 AI 工具自动将照片转手绘。接下来使用国产 AI 绘画工具——Vega AI 进行演示。

第一步：打开 Vega AI 网站，单击左侧选项栏里的【图生图】。

第二步：单击【上传图片】，上传需要转为手绘风格的照片。

第三步：在下方的提示词输入框内，输入相应的提示词，例如“油画，一个池塘，有很多荷叶，池塘远处有柳树”。然后在右侧工作区选择具体的画风，这里以“写实油画”为例。

第四步： 单击【生成】，耐心等待一分钟左右，就会出现转手绘后的插画图片。

效果图如下，风景照成功转换成了手绘风格。

技巧点拨

Vega AI 的风格广场里有很多画风模型，遇到喜欢的可以收藏起来，方便下次直接使用。

第 7 章

电商设计快速搞定，效率翻倍不加班

在快节奏的商业社会中，一到电商促销节点，电商设计师就要考虑如何快人一步制作宣传物料，如何有效地展示产品亮点，如何实现视觉上吸引人的设计……

AI 可以怎样为电商设计赋能，解放设计师的双手呢？本章通过 AI 生成电商场景图、产品摄影图、包装设计和模特照片等具体案例，介绍 Midjourney、WeShop 两大工具在电商设计领域的应用。

7.1 生成电商场景图：无须 C4D 建模，只需几秒

在展示电商产品时，往往需要使用炫酷的场景作为产品的载体，以此增强产品的吸引力。

例如，下图中展示相机的舞台场景。

或是展示生鲜食品的田园、桌台场景。

以往这类场景只能用 C4D 等建模工具设计完成，虽然创作自由度高，但操作较为复杂。现在，我们可以借助 AI 工具生成电商场景，省时又省力。

7.1.1 雨林场景

在电商场景中，森林、雨林场景可以营造自然清新的氛围，常用于化妆品、饮品、户外运动用品的宣传物料。

提示词

outdoor product shot, panorama, creative composition, bright background, clean stone table, amazing natural light, cool tones, lush greenery in the background, forest, realistic details --ar 3:4

户外产品拍摄，全景，创意构图，明亮的背景，干净的石桌，令人惊叹的自然光，冷色调，背景中有郁郁葱葱的绿色植物，森林，逼真的细节，图片宽高比为 3：4

生成图

7.1.2 舞台场景

舞台场景常用于各种促销活动的宣传设计中。促销的产品不同，使用的舞台场景也不同，例如，促销数码产品可以使用科技感比较强的舞台场景。

提示词

a cylindrical platform floating in the air, the middle of the platform is hollow, below it is a metal conveyor belt, blue and purple tones, Cyberpunk, futuristic, C4D, octane render, Blender, ultra high definition, ultra detail --ar 9:16 --s 750

一个圆柱形平台漂浮在空中，平台中间是空心的，下面是金属传送带，蓝紫色调，赛博朋克风格，未来主义的，C4D，辛烷值渲染，Blender，超高清，超细节，图片宽高比为 9：16，风格化 750

生成图

提示词扩展

还可以把场景描述类提示词改为“future city, big disc in the sky”（未来城市，天空中有一个大圆盘），即可生成下图所示的场景。

7.1.3 梦幻场景

梦幻场景的色彩通常较为柔和，背景相对简约，适合展示服装、家具等产品。

提示词

stage design, wall with some ripples, soft and dreamy, product shooting, C4D, interior lighting, light orange and white

舞台设计，墙面有些波纹，柔和梦幻的，产品拍摄，C4D，室内灯光，浅橙色和白色

生成图

有时不仅要把产品置于虚拟的场景中，还需要拍摄写实的产品图片，这些摄影图也能借助 AI 进行设计。

7.2 设计产品图片：轻松打造专业摄影图

拍摄产品时，往往需要考虑如何能让摄影图吸引人们的注意力、激发人们购买的欲望。

在实际拍摄时，我们经常面临缺乏灵感的窘境，这时，不妨借助 AI 工具生成一些摄影参考图，以帮助我们获取灵感。

例如，AI 工具生成的香水摄影图：

手提包摄影图：

这些摄影图能给我们提供不少灵感，甚至可以利用 Photoshop 等图片处理工具，将摄影图上 AI 生成的产品直接替换为自己的产品。

那么，如何撰写提示词才能让 AI 生成符合需求的摄影图呢？

7.2.1 炸鸡摄影

炸鸡等熟食摄影图的首要目的是勾起人们的食欲，因此在写提示词时要注重营造氛围，多使用暖色调。

提示词

commercial photography, fried chicken, five or so, exploded, pepper dotted around, clean background, appetite, warm tones, real colors, HD --ar 3:4

商业摄影，炸鸡，5 个左右，爆炸，点缀胡椒，背景干净，令人食欲大增，暖色调，真实色彩，高清，图片宽高比为 3：4

生成图

7.2.2 果汁摄影

借助 AI 工具生成果汁摄影图时，提示词可以描述清新、自然的场景，场景中还可以添加新鲜的水果、冰块等进行点缀。以柠檬汁为例。

提示词

food photography, a glass of lemon juice, lemon, mint, ice cubes, natural light and shadow, warm and inviting, cinematic composition, super detail, 32K --ar 3:4

美食摄影，一杯柠檬汁，柠檬，薄荷，冰块，自然的光影，温暖而诱人，电影般的构图，超细节，32K，图片宽高比为 3：4

生成图

还可以把提示词中的“柠檬汁”换成其他果汁，例如“橙汁”，可得到下图。

在进行产品摄影时，别忘了产品包装设计也是电商营销中十分关键的一环。

7.3 服饰模特照片：批量生成高级模特图

高质量的服饰模特照片对于提升服饰销售量至关重要。有时，聘请专业摄影师和模特，不断更换不同场景进行拍摄，虽然最终呈现效果不错，但对于许多店铺来说是一笔不小的开销。

借助 WeShop，只需要上传示意图，就可以自动生成高清的模特图。这些虚拟模特的外观十分逼真，而且可以随意更换造型、场景，合成新的图片。无须订摄影棚和昂贵的设备，你就是最好的“摄影师”。

来看看以下两个案例。

7.3.1 将人台图转为“真人”模特图

就算只有人台图，也能用 AI 工具快速将其转换为逼真的虚拟人模特图，大大节省成本、提高设计效率。

第一步：打开 WeShop 网站并登录，单击【开始使用】。

第二步：在左侧工具栏中选择【人台图】，单击【新建任务】，并在右侧上传准备好的人台图。

第三步：单击【编辑选区】按钮，单击选中要保留的衣服区域，并单击【确定】按钮。

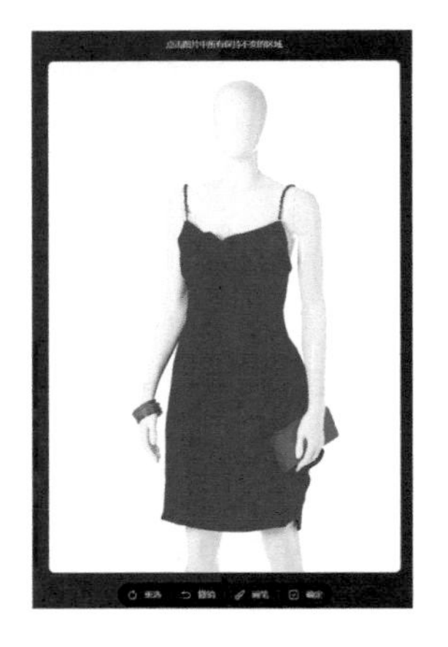

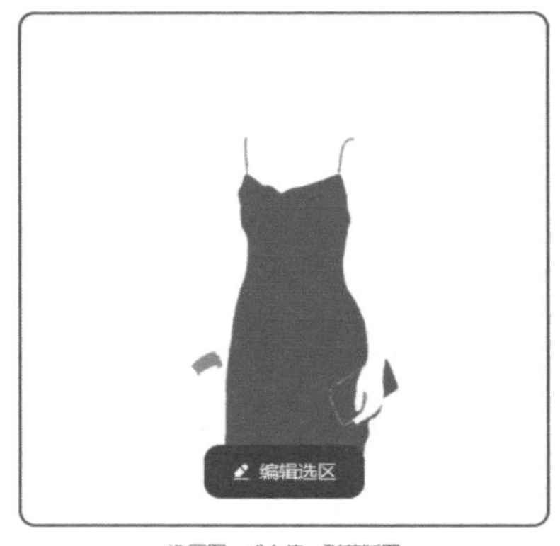

第四步：在【快捷模板】中选择想要的面具（即模特的外貌）、地点（即拍摄的场景）等。

第五步：单击【执行】，就能快速得到符合需求的虚拟人模特图。

本次任务将消耗40算力点　查看我的算力剩余　执行

原图与生成图对比如下。

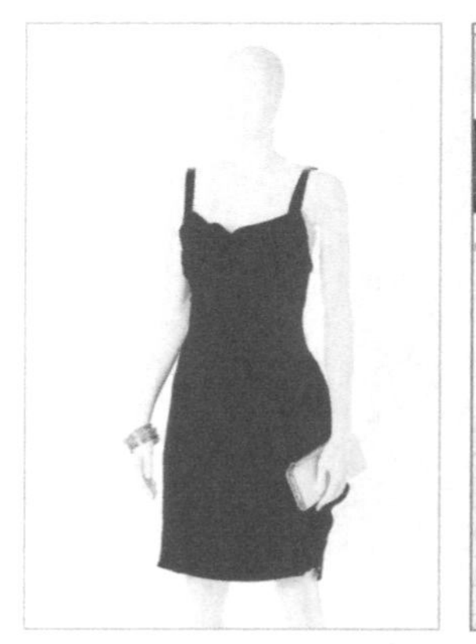

除了使用快捷模板之外，还可以使用【文字描述】功能生成模特图。

可参考以下结构来设计提示词：

例如：一名年轻的中国女性，棕色马尾辫，高度细腻的皮肤，自然的皮肤纹理，逼真的眼睛，自信的表情，穿着黑色连衣裙，走在公园里，晴天，阳光，明亮，夏日午后，清晰对焦，高品质。

文字描述　快捷模板　高级自定义

一名年轻的中国女性，棕色马尾辫，高度细腻的皮肤，自然的皮肤纹理，逼真的眼睛，自信的表情，穿着黑色连衣裙，走在公园里，晴天，阳光，明亮，夏日午后，清晰对焦，高品质。

单击【执行】，AI 会根据提示词自动生成模特图。

7.3.2 为真人实拍图更换模特和场景

实拍图一般是在摄影棚中完成的，缺乏场景，不妨用 AI 工具换个场景，增强服饰的吸引力。如有需要，也可以用 AI 工具更换模特。

第一步： 在工具栏中选择【真人图】，单击【新建任务】，上传需要更换模特和场景的真人实拍图。

第二步： 单击【编辑选区】按钮，单击选中需要保留的区域，然后单击【确定】按钮。

原图

选区图，或上传一张蒙版图

第三步：在【快捷模板】中设置面具、地点。

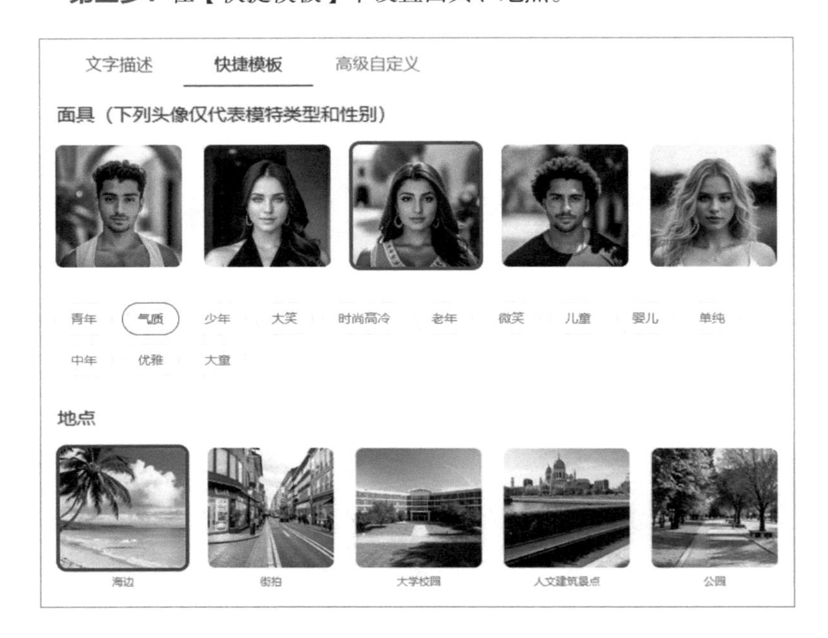

第四步：单击【执行】，AI 便能自动生成模特图。

原图与生成图效果对比如下。

注意

尽管 AI 在生成电商设计图时具有很多优势，但我们仍需做好判断、审查和把关，还可以对 AI 生成的设计图进行多次调整、优化，以确保提升效率的同时促进电商销售。

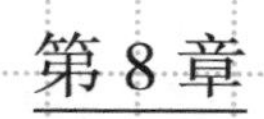

第 8 章

高颜值海报生成，省时省力、创意多样

举办展览、演讲、学术会议等活动时，如何用海报助力活动宣传？

怎样用海报推广影视作品，引起观众兴趣？

每一年都需要设计节日海报，创意枯竭、没灵感，怎么办？

…………

不妨试试给 AI 一些提示词，让其快速生成海报，大大减少我们制作海报所需的时间。

本章我们会借助 AI 绘画工具 Midjourney 自动生成六大类海报，学习借助 AI 快速创作高颜值海报的技巧。

8.1 节日海报：玩转创意，脱颖而出

富有创意的节日海报，不仅能增强人们对品牌的好感，还能使品牌在社交媒体中脱颖而出，让人们自发地分享和传播，达到借势营销的效果。

8.1.1 元宵节海报

元宵节海报通常需要呈现喜庆的节日氛围，可以使用传统文化元素，因此可以给 AI 提供一些表达元宵元素、夜晚氛围、温暖色调的提示词。

提示词

red Chinese lantern, focus on lantern, close-up, soft light, bokeh, night, dark background --ar 9:16

红色的中国式灯笼，聚焦在灯笼上，特写，柔光，虚化，夜晚，暗背景，图片宽高比为 9：16

生成图

注意

Midjourney 生成的海报只有图像，不包括文字，我们只需借助 PPT 或 Photoshop 等平面设计工具，输入与节日有关的文字，就可以轻松做出各种各样的节日海报。

8.1.2 清明节海报

清明节海报通常需要体现传统文化和自然元素，可以给 AI 提供能表达空旷景色、清冷色彩、水彩风格的提示词。

提示词

watercolor illustration, Qingming Festival, an Asian boy, sitting on the back of a water buffalo, fields, mountains, swallows, wide angle, black white mint color --ar 9:16

水彩插图，清明节，一个亚洲男孩，坐在水牛背上，田野，山脉，燕子，广角，黑色、白色、薄荷色，图片宽高比为 9：16

生成图

8.1.3 劳动节海报

劳动节海报通常需要体现对劳动者精神的庆祝和赞美，营造积极向上的氛围。因此，可以给 AI 提供一些能表达职业形象、劳动工具、工作场景等与劳动相关的提示词，风格上则可以更灵活。

提示词

Labor Day, Asian-faced working people and tools, in sunny summer, clean blue sky, rice fields, farming, creek, bright colors, moderate white space above, graphic illustration style, hand painting style, advanced color matching and illustration style, natural green color, wide angle, close-up, perfect details --ar 9:16 --niji 5

劳动节，亚洲面孔的劳动人民和工具，在阳光明媚的夏天，澄澈的蓝天，稻田，农耕，小溪，明亮的色彩，上方适度留白，平面插画风格，手绘风格，高级的色彩搭配和插画风格，自然的绿色，广角，特写，完美细节 ，图片宽高比为 9：16，二次元画风

生成图

8.1.4 儿童节海报

儿童节海报通常需要传达欢乐的节日氛围，因此可以给 AI 提供一些能表达鲜明色彩、卡通图像、欢乐场景的提示词。

提示词

a poster for an asian children's game, Pixar style, Disney style, happily laughing, butterfly, 3D render --niji 5 --ar 9:16 --s 800

亚洲儿童玩的游戏的海报，皮克斯风格，迪士尼风格，开心地笑，蝴蝶，3D 渲染，二次元画风，图片宽高比为 9：16，风格化 800

生成图

8.1.5 端午节海报

端午节有吃粽子、赛龙舟、挂艾草、点雄黄酒等习俗，可以围绕习俗来写提示词。

提示词

Chinese gongbi painting, a Chinese boy, wearing Hanfu, rowing a wooden boat, messy hair, full blush, a huge green dragon next to him, in the style of Zhao Ji, Song Dynasty artist --ar 3:4

中国工笔画，一个中国男孩，穿着汉服，划着木船，凌乱的头发，涨红了脸，身旁有一条巨大的青龙，宋代艺术家赵佶的风格，图片宽高比为 3：4

生成图

8.1.6 中秋节海报

设计中秋节海报时可以给 AI 提供一些如月亮、嫦娥、月兔、月饼等与中秋节相关的提示词，风格上可以以中国风为主。

提示词

Mid-autumn Festival, painting masterpiece, watercolor, by Xu Beihong, huge full moon as background, a lovely fairy playing with a rabbit, hanfu, warm colors tone, wide angle, rim light, back light --ar 9:16 --niji 5

中秋节，绘画杰作，水彩画，徐悲鸿的画风，巨大的满月作为背景，一个可爱的仙女正在和兔子玩耍，汉服，暖色调，广角，轮廓光，背光，图片宽高比为 9：16，二次元画风

生成图

8.1.7 圣诞节海报

圣诞节海报通常需要传达欢乐、温馨的节日氛围，同时展现圣诞节的传统元素。因此，可以给 AI 提供一些能表达圣诞元素、圣诞色彩和欢乐氛围的提示词。

提示词

flat illustration, vector graphic, Christmas poster, cute Santa Claus, happily laughing and dancing, Christmas tree, gifts, snowing, red green white, focus on Santa Claus, close-up, minimalism, clean background --ar 9:16

平面插图，矢量图，圣诞节海报，可爱的圣诞老人，快乐地笑着跳舞，圣诞树，礼物，下雪，红绿白，聚焦于圣诞老人，特写，极简主义，干净的背景，图片宽高比为 9：16

生成图

8.2 节气海报：巧妙构思，意境十足

精美的节气海报，不仅能传递节气的文化内涵，还能吸引眼球，引发共鸣，促使人们更深入地了解和体验传统节日。

确定海报风格后，只需要通过调整对主体和场景的描述，就可以得到不同节气的海报了。

8.2.1 立春海报

立春海报需要体现春天带来的生机与希望的氛围，同时展现与春季相关的元素和特点。因此，可以给 AI 提供一些能表达春季穿着、春天景色的提示词。

提示词

Chinese watercolor painting, spring, a cute girl wearing a dress, sitting and playing with butterflies, surrounded by flowers --ar 9:16

中国水彩画，春天，一个可爱的女孩穿着裙子，坐着和蝴蝶玩耍，被花朵包围，图片宽高比为 9：16

生成图

8.2.2 夏至海报

夏至海报需要营造热情、活力和欢乐的氛围，同时展现夏日的特点和乐趣。因此，可以给 AI 提供一些能表达夏季景色、清凉场景的提示词。

提示词

a cute boy playing with Shiba Inu in the pool, water splashing, summer, best quality, depth of field, movie lighting, ray tracing, Makoto Shinkai, chibi --ar 9:16 --niji 5

一个可爱的男孩和柴犬在水池里玩耍，水花四溅，夏天，最佳质量，景深，电影

照明，光线追踪，新海诚，chibi 风格的卡通形象（一般是小巧可爱的风格，图片宽高比为 9：16，二次元画风

生成图

8.2.3 立秋海报

立秋海报需要表现秋天的到来、丰收与变化，展现与秋季相关的元素和特点。因此，可以给 AI 提供一些能表达秋季着装、秋天景色的提示词。

提示词

photography, autumn, cute Chinese child, walking in the street, wearing a skirt, falling leaves, ultra wide angle, best quality, depth of field, movie lighting, soft light, high details, 8K --ar 9:16

摄影，秋天，可爱的中国孩子，走在大街上，穿着裙子，落叶，超广角，最佳质量，景深，电影照明，柔光，高精细度，8K，图片宽高比为 9：16

生成图

8.2.4 冬至海报

冬至海报需要展现与冬至相关的元素和特点，可以给 AI 提供一些能表达冬天着装、冬天活动和冬天天气的提示词。

提示词

Ink painting, by Wu Guanzhong, cute kids having a snowball fight, wearing sweaters and knitted hats, winter, snow, best quality --ar 9:16

水墨画，吴冠中的画风，可爱的孩子们在打雪仗，穿着毛衣，戴着毛线帽，冬天，雪，最佳质量，图片宽高比为 9：16

生成图

8.3 活动海报：重点突出，吸引眼球

生动活泼的活动海报，不仅能够吸引人们的眼球，还能传达活动的主题和氛围，从而吸引更多人参加活动。

8.3.1 音乐节海报

音乐节海报通常需要体现音乐的艺术性和音乐节的主题。因此，可以给 AI 提供一些能表达音乐元素、音乐节主题、色彩变化的提示词。

提示词

cyberpunk, huge guitar in a future city, Megaphobia, low angle view, ultra wide angle, Unreal Engine, neon cold lighting, deserted city buildings, 8k, ultra details --ar 9:16

赛博朋克，未来城市中的巨大吉他，巨物恐惧症，低角度视角，超广角，虚幻引擎（著名的游戏引擎），霓虹冷光，荒废的城市建筑，8K，超细节，图片宽高比为 9：16

生成图

8.3.2 露营活动海报

露营活动海报需要体现出户外休闲和亲子同乐的温馨氛围，吸引人们参与露营活动，感受大自然的美妙。因此，可以给 AI 提供一些能表达家庭同乐、自然环境、温馨氛围的提示词。

提示词

commercial poster, a young Asian couple and their son camping, have a picnic together, happy and laughing, tent, wilderness, sky, sunny, soft light, bokeh, 4K, ultra details --ar 9:16

商业海报，年轻的亚洲夫妇和儿子露营，一起野餐，快乐地笑，帐篷，旷野，天空，阳光，柔光，虚化，4K，超细节，图片宽高比为 9：16

生成图

8.4 喜报：表扬先进，鼓舞斗志

喜报不仅能展现个人或团队的卓越表现，还能激励他人追求卓越和成功，营造团队奋进向上的氛围。

提示词

advertising poster, trophy, angel, winner, red abstract background, vibrant stage backdrops, spectacular backdrops, award-winning, thick texture, polished, cheers, light gold and light crimson color, minimalism, 3D, octane render, unreal engine, heroic --ar 9:16

广告海报，奖杯，天使，胜者，抽象风格的红色背景，充满活力的舞台背景，壮观的背景，获奖，厚实的质地，抛光，庆祝，亮金色和亮红色，极简主义，3D 风格，辛烷值渲染，虚幻引擎，英雄主义，图片宽高比为 9：16

生成图

8.5 品牌海报：放大宣传势能

独特而精美的品牌海报，不仅能塑造品牌形象，还能通过创意吸引目标受众的注意力，使人们更愿意了解品牌，对品牌的忠诚度更高。

8.5.1 床垫海报

床垫海报需要体现产品舒适、优质的特点，可以给 AI 提供一些能表达香甜睡眠、舒适场景、柔和色调的提示词。

提示词

creative poster, a beautiful Asian girl, pillowing on a pillow, sleeping on a bed of clouds, wearing cute pajamas, bright background, bokeh, soft light, wide angle --ar 9:16

创意海报，一个美丽的亚洲女孩，枕着枕头，睡在云床上，穿着可爱的睡衣，明亮的背景，虚化，柔光，广角，图片宽高比为 9：16

生成图

8.5.2 餐饮品牌海报

餐饮品牌海报需要突出食物特色，以吸引更多的顾客。因此，可以给 AI 提供一些能表达菜品种类、菜品味道、餐厅环境的提示词。

提示词

photography, delicious steak, spaghetti, fries, a variety of vegetables, wine, table, extreme close-up, bokeh, movie lighting --ar 9:16

摄影，美味的牛排，意大利面，薯条，各种蔬菜，葡萄酒，桌子，极致特写，虚化，电影照明，图片宽高比为 9：16

生成图

8.6 公益海报：创意迅速落地

公益海报不仅能唤起人们的关注和共鸣，还能传递重要的价值观，向人们提出倡议，促使人们响应号召、行动起来。

8.6.1 地球日海报

地球日海报需要传达环保、可持续发展理念和对地球的关怀，以激发人们的环保意识和行动。可以给 AI 提供一些能表达自然环境、动植物、清新色彩等与环保相关的提示词。

提示词

in the style of movie poster, the plant growing from a drop of water, a drop of water containing the earth, sky-blue and green, soft atmospheric scenes, soft light, clean background, uhd image, 8K, ultra details --ar 9:16

电影海报的风格，植物从水滴中长出来，水滴中包含着地球，天蓝色、绿色，柔和大气的场景，柔光，干净的背景，超高清图像，8K，超细节，图片宽高比为9：16

生成图

8.6.2 海洋日海报

海洋日海报需要体现出海洋环境保护和海洋资源可持续利用的重要性，唤起人们对海洋生态系统的关注和保护行动。因此，可以给 AI 提供一些有关海洋污染、场景对比、色彩反差的提示词，创造出有冲击力的场景。

提示词

creative poster, underwater photography, above and below the sea, clean sea, blue sky and white clouds above the sea, a seagull flying in the sky, focus on the waves, dirty underwater, plastic bags and empty bottles and garbage floating under the sea, stark contrast, exaggerated style, cinematography, masterpiece --ar 9:16

创意海报，水下摄影，海面上和海面下，干净的海面，海面上的蓝天白云，天空中飞翔的海鸥，聚焦在海浪上，肮脏的水下，塑料袋、空瓶子和垃圾漂浮在海面下，鲜明的对比，夸张的风格，电影摄影，杰作，图片宽高比为 9：16

生成图

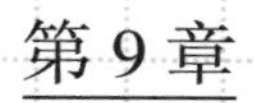

第 9 章

产品外观设计，释放想象力

现在有了 AI 设计工具，产品外观设计变得轻而易举。

我们只需要具体描述一下产品外观，将自己关于产品的创意、构思以提示词的方式发送给 AI，就可以让 AI 在短时间内提供各种不同的外观设计方案。

本章讲解如何借助 AI 绘图工具 Vega AI 实现产品外观创意设计。虽然不同案例使用的提示词会有所不同，但大体都遵循如下的结构：

想象力是产品外观设计的源泉，让我们用 AI 的力量释放想象吧！

9.1 鞋服设计：大胆创新，引领潮流

鞋服设计可使用如下提示词。

- **鞋服设计提示词**

产品主体	一条连衣裙、一件卫衣、一条短裤、一套汉服等
风格细节	包括：颜色、材质、印花、风格、光影等 例如：黑色，皮革，点缀星星，哥特风，影棚灯光
图片质量	最佳质量、杰作、8K 等

9.1.1 中国风服装设计

在 Vega AI 中，可以使用风格广场中的相关风格，如：在“设计”类别下选择“国风”后，输入提示词，就可以快速得到中国风服装设计效果图。

第一步：搜索并收藏风格。打开 Vega AI 网站，单击左侧的【风格广场】，搜索“国风”，并切换到【设计】类别，找到喜欢的“国风”

效果，单击该效果右下角的五角星，即可将其收藏。

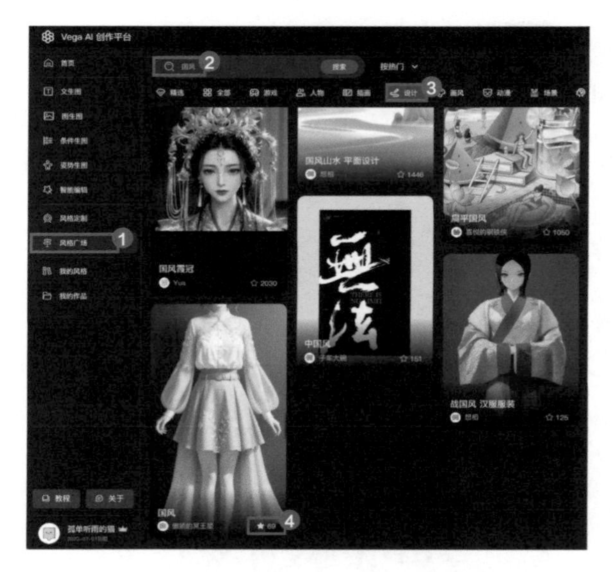

第二步：输入提示词，并选择风格。单击页面左侧的【文生图】，输入提示词。如“一件中国风礼服，紫色，金色纹理，简单背景”，在右侧工作区的“风格选择”面板中选择“国风”，风格强度默认为“0.65”。

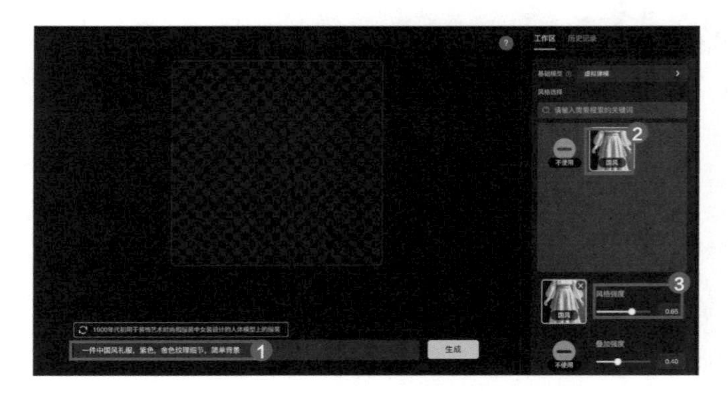

第三步：调整图片参数。修改图片尺寸为“长图 [9:16]”，图片模式选择“普通”，张数设置为“4”，步数设置为“25”，其他设置保持不变，单击【生成】按钮，等待图片生成。

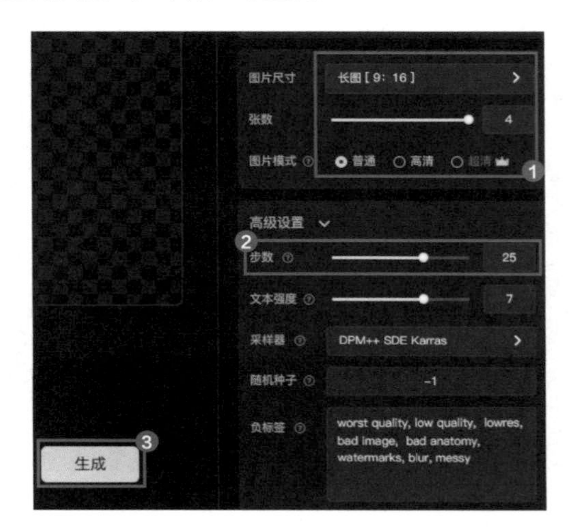

高级设置中各参数的含义如下表所示。

● 高级设置中参数的含义

参数	含义
步数	生成图片所经历的步骤数。步数越多，画面细节越丰富。根据经验，步数为 25 时，生成的图片质量较好
文本强度	最终生成的图片与提示词的匹配度。文本强度越低，AI 自由发挥的空间越大；越高，则画面越符合提示词
采样器	AI 进行噪点去除时使用的算法，采用默认参数即可
随机种子	使用默认值即可
负标签	不想在画面中看到的内容

生成图

重点提示词

中国风礼服，紫色，金色纹理

如果想得到更多样的设计结果，可以仅在提示词框中输入颜色，比如“红色”，即可生成主色调为红色的中国风服饰。

如果想设计其他类型的服装，只需尝试在风格广场中搜索相应的服装风格，如“唐装”“民族服饰”等，重复上述操作即可。

9.1.2 基于线稿图的服装设计

在进行服装设计的过程中，通常会绘制一些线稿图。如何在线稿图的基础上实现更有创意、更出彩的服装设计呢？原来可能会为此想破脑袋，如今已经可以交给 Vega AI 来帮忙实现了。

以下方的线稿图为例进行演示。

第一步：上传线稿图，输入提示词。单击 Vega AI 页面左侧的【条件生图】，上传衣服的线稿图，在提示词框内输入衣服的色彩和细节，如“一件卫衣，多色撞色，帽子是小熊形状的”。

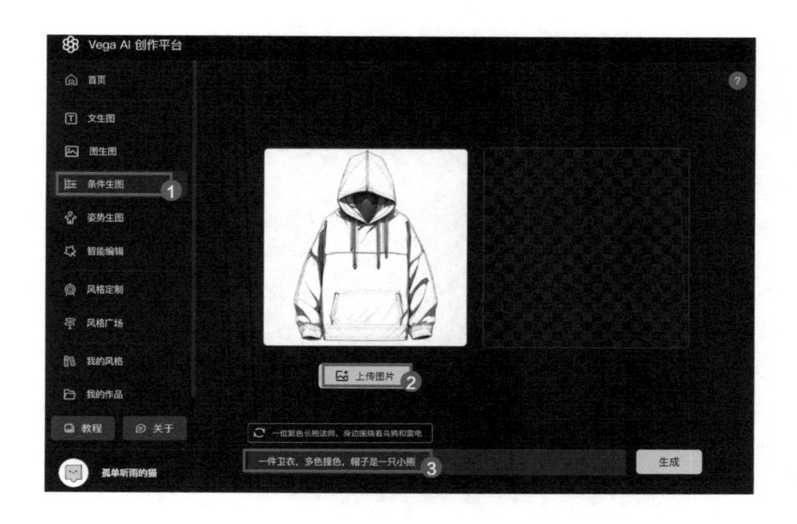

第二步：选择模型，设置条件参数。在工作区中选择基础模型为“二次元 vg1”。

修改条件控制为“线稿生成”，条件输入选择“原始图片”，根据需要选择图片模式（即清晰度）与张数。

第三步：设置高级参数，生成图片。把步数修改为25，其他设置保持默认值不变，点击【生成】按钮。

生成图

注意

AI 工具在“文生图”的过程中有时会出现一些信息“理解”错误，比如本例中 AI 读取到提示词中的“小熊”，便生成了穿卫衣的小熊（见上方第一排的图）。

9.1.3 潮鞋效果图设计

如何才能在鞋型不变的情况下，快速做出风格多样的设计？

交给 Vega AI，轻松帮你实现！

以下图所示的鞋子为例，进行演示。

第一步：上传线稿，输入提示词。单击 Vega AI 页面左侧的【条件生图】，上传线稿，在提示词框内输入对鞋子细节的描述，如“一双鞋，白色和粉色，帆布材质，最佳质量，杰作”。

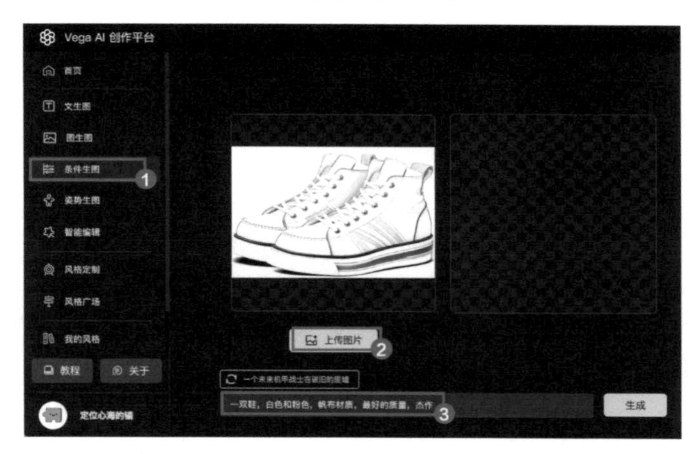

第二步：选择模型，设置条件参数。在工作区中，选择基础模型为“虚拟建模”。

条件控制选择“线稿生成”，条件输入选择“原始图片”。根据需要选择图片模式与张数。

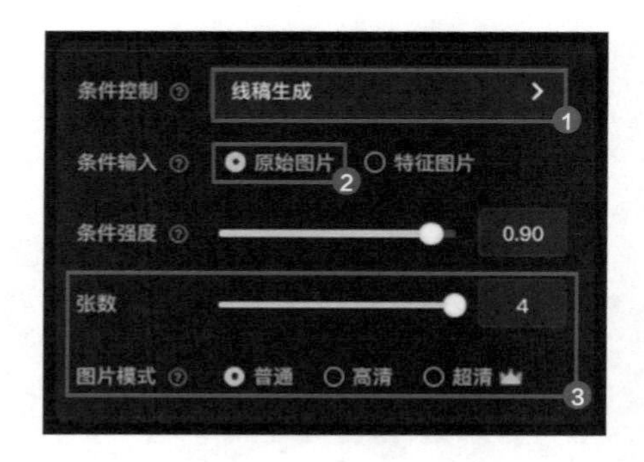

第三步：设置高级参数，生成图片。把步数修改为 25，其他参数保持默认值不变，点击【生成】按钮。

生成白色和粉色的帆布鞋，如下图所示。

除此之外，还可以在提示词中加入鞋面上的印花、纹理等风格细节类描述，如“星星印花”“涂鸦”。

9.2 配饰设计：兼具观赏性和品质感

配饰是穿搭中不可或缺的一部分，可以提升穿戴者的整体气质，彰显其品味，还可以使造型更完整、更和谐，丰富穿搭的层次感。

不同的人会选择不同风格的配饰，可以是富有活力的，也可以显得成熟稳重。

如何设计出符合不同人群气质，又兼具观赏性和品质感的配饰？这也是可以由 AI 协助完成的一项任务。

配饰设计可使用如下提示词。

- **配饰设计提示词**

产品主体	一对耳钉、一条项链、一枚戒指、一枚胸针等
风格细节	包括：形状、大小、颜色、材质、表面装饰、其他细节和整体氛围等 例如：新月形，铂金，蕾丝花纹，镂空设计，清新典雅
图片质量	最佳质量、杰作、8K 等

9.2.1 梦幻的银色羽毛耳钉

提示词

一对白银耳钉，形如天鹅羽毛，羽毛由无数片细小银片拼接而成，在日光下富有层次感，婉转优美的线条，独特而梦幻

生成图

要得到更多耳环造型，可以根据需求对提示词进行调整，例如：

一对水滴形钻石耳钉，由大小不一的钻石组合而成，“水滴”从耳垂处向下“坠落”，犹如星光闪烁，柔美动人心弦

9.2.2 蝴蝶造型蓝宝石戒指

提示词

一枚铂金戒指，蝴蝶造型，镶嵌浅靛蓝色的宝石，纯净且优雅

生成图

还可以通过调整提示词生成其他造型、宝石和风格的戒指效果图，如：

一枚纯金戒指，指环本体为树叶造型，镶嵌玫瑰造型的红宝石，高贵且冷艳

9.2.3 淑女风蝴蝶结发夹

提示词

一个蝴蝶结发夹，浅蓝色，印有金色花纹，点缀有蕾丝花边

生成图

9.3 箱包设计：不输大牌的时尚单品

本节以手提包、旅行箱为例，介绍如何使用 Vega AI 的“文生图”功能完成箱包设计。

箱包设计可使用如下提示词。

- **箱包设计提示词**

产品主体	一只手提包、一个旅行箱、一个双肩背包等
风格细节	包括：颜色、材质、造型等 例如：棕色，皮革，正方形，大 logo
图片质量	最佳质量、杰作、8K 等

9.3.1 手提包设计

如果你有一些关于手提包的设计想法，可以将想法以提示词的方式发送给 AI，从而让 AI 给你一些设计灵感。

提示词

一只手提包，毛茸茸的白色毛皮材质，浅粉色与青铜色，品牌 logo

生成图

如果你已经有手提包的设计线稿，则可以让 AI 生成基于线稿的不同风格的效果图。

第一步：上传线稿图，输入提示词。单击【条件生图】，上传手提包的线稿图，在提示词框内输入提示词，如：

一只手提包，棕色的包身，浅粉色的袋盖，棕色的手挽，最佳质量，杰作

第二步：选择模型，设置条件参数。

第三步：设置高级参数，生成图片。将步数修改为 25，其他参数保持默认值不变，点击【生成】按钮。

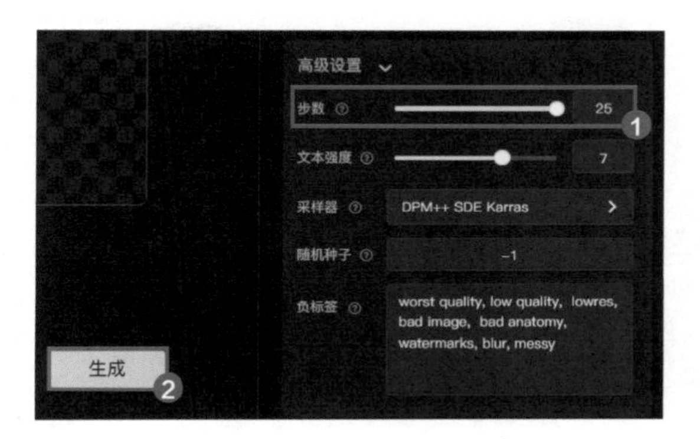

生成图

9.3.2 旅行箱设计

提示词

一个旅行箱，黄色的，塑料材质，精美的光泽，影棚灯光，8K

生成图

9.4 产品包装设计：抓人眼球，提升销量

无论是对于网店还是实体店，一个引人注目的包装都可以在一定程度上提高产品的销量。

如果你在设计产品包装时没有灵感和创意，或者有了想法，但不知道如何快速呈现……可以尝试用 AI 生成各式各样的产品包装设计方案，获取源源不断的灵感，AI 还可以把你的需求用图像形式快速呈现出来。

9.4.1 薯片包装

提示词

advertising packaging design, potato chip packaging, complex and detailed pattern styles, surrealist still life painting, tempting food, full of hidden details --ar 3:4

广告包装设计，薯片包装，复杂而详细的图案风格，超现实主义的静物画，诱人的食物，充满隐藏的细节，图片宽高比为 3：4

生成图

9.4.2 牛奶包装

提示词

strawberry milk box, packaging design, pink and white, strawberry pattern, minimalist background, bright light, 3D, high quality, high detail --ar 3:4

草莓牛奶盒，包装设计，粉色和白色，草莓图案，极简主义背景，明亮的光线，3D 风格，高品质，高清，高精细度，图片宽高比为 3：4

生成图

还可以增加场景描述类提示词，获得更多场景下产品包装的效果图。例如在提示词中增加“displayed on the table”（展示在桌面上），可得到下图。

9.4.3 茶叶包装

提示词

tea packaging box, Chinese classical style, exquisite, gorgeous, 3D, high quality, high definition, high detail --ar 3:4

茶包装盒，中国古典风格，精致，华丽，3D 风格，高品质，高清，高精细度，图片宽高比为 3：4

生成图

9.4.4 护肤品包装

提示词

product packaging, skincare product design, fresh and natural style, solid color background, simple background, realism photography, high resolution, fine details, 8K --ar 3:4

产品包装，护肤品设计，清新自然的风格，纯色背景，简约背景，写实摄影，高分辨率，优质的细节，8K，图片宽高比为 3：4

生成图

9.5 盲盒手办：童趣卡通惹人爱

盲盒（购买时无法确定盒子里产品的款式）近年来在年轻群体中十分风靡，其广受欢迎的关键原因在于其中造型极具吸引力的手办（一种适合收藏的模型玩具）。

无论是酷炫的机器人，还是时尚的美少女，抑或是萌萌的卡通萌宠，盲盒里随机的手办总能吸引年轻人多变的审美眼光。

盲盒手办可使用如下提示词。

- **盲盒手办提示词**

产品主体	一个女孩、一个男孩、美少女战士、孙悟空等
风格细节	包括：体型、发型、穿着、动作、表情等 例如：胖嘟嘟，长发，白色连衣裙，坐在沙发上，开心
图片质量	最佳质量、杰作、8K 等

注意

在 Vega AI 中生成盲盒手办的效果图时，需要在使用基础模型“3D 二次元”的基础上搭配 3D 角色设计的相关风格，例如：“人偶手办”“Q 版盲盒”“3D 卡通风格”“可爱美少女手办”等。这些风格均可在 Vega AI 的风格广场中搜索、收藏。

如果想实现更多样的盲盒手办设计，还可以尝试更多不同类型的风格，比如“国风写真”“森系女孩”“高达机甲”等。

9.5.1 把喜爱的动漫角色做成盲盒手办

如果想和动漫版权方进行联名合作，将喜爱的动漫角色制作成盲盒手办，就可以利用 AI 来实现。

由于 AI 绘画大模型在训练的时候或多或少都会用到这些经典的动漫角色，因此不用进行特别的细节描述，直接在提示词里写上角色名就可以引导 AI 生成对应的图片，例如下面的案例中展示的美少女战士盲盒手办设计。

提示词

美少女战士，单人，站在白色圆形舞台上，最佳质量，大师之作

重点参数

基础模型：虚拟建模。风格：Q 版盲盒。

生成图

如果想修改手办的衣着等，可以在风格细节中添加相应的关键词。

9.5.2 根据提示词描述生成盲盒手办

盲盒手办大多是可爱的、胖嘟嘟的 Q 版玩偶，当然也有按照真实比例设计的。

提示词

一个可爱女孩，白色短发，红色的眼睛，戴着耳环，穿着白衬衫，黑裙子，站在舞台上，面带微笑，最佳质量，杰作

重点参数

基础模型：虚拟建模。风格及强度：Q 版盲盒，0.8。

生成图

Vega AI 中常见的 Q 版盲盒风格还有“卡通 3D 形象”“3D 小孩子”“人偶手办”“可爱美少女手办”等，使用时根据自己的需要进行选择即可。

如果想要生成真人比例缩放的手办，可选择“正比手办”风格，这样用相同的提示词就能得到真人比例的手办了。

9.5.3 打造多种风格混搭的盲盒手办

用 Vega AI 生成盲盒手办，除了可以套用相应的风格，还可以叠加其他的风格，这样就可以实现多种风格混搭，做出更独特的盲盒手办。

- **中国风手办**

提示词

一个穿着中国传统服装的年轻女子，头上戴着花环，手中拿着灯笼，站在舞台上，最佳质量，杰作

重点参数

风格及强度：Q 版盲盒，0.8；汉服服装，0.5。

生成图

- **可爱电竞风手办**

提示词

一个女孩，淡蓝色的长发，戴着猫耳耳机，穿着粉色连衣裙，全身，最佳质量，杰作

重点参数

风格及强度：Q 版盲盒，0.8；赛博朋克电竞，0.5。

生成图

- **赛博朋克风手办**

提示词

一个女人，黑色长发，橙色斗篷，科技产品，光线充足，全身，最佳质量

重点参数

风格及强度：Q 版盲盒，0.8；赛博朋克 · 高清，0.5。

生成图

- **婚纱系列手办**

提示词

一个女孩，Q 版，穿着婚纱，摆姿势拍照，简约背景，最佳质量，杰作

重点参数

风格及强度：Q 版盲盒，0.8；白色婚纱，0.5。

生成图